西瓜、甜瓜生长异常及预防图谱

赵卫星　李晓慧　康利允　主编

河南科学技术出版社
· 郑州 ·

图书在版编目（CIP）数据

西瓜、甜瓜生长异常及预防图谱/赵卫星，李晓慧，康利允主编. —郑州：河南科学技术出版社，2024.3

ISBN 978-7-5725-1376-3

Ⅰ.①西… Ⅱ.①赵… ②李… ③康… Ⅲ.①西瓜-病虫害防治-图谱②甜瓜-病虫害防治-图谱 Ⅳ.①S436.5-64

中国国家版本馆CIP数据核字（2023）第234696号

出版发行：河南科学技术出版社

地址：郑州市郑东新区祥盛街27号　　邮编：450016

电话：（0371）65737028　65788613

网址：www.hnstp.cn

策划编辑：陈　艳　陈淑芹　编辑信箱：hnstpnys@126.com

责任编辑：陈　艳

责任校对：张萌萌

装帧设计：张德琛

责任印制：徐海东

印　　刷：河南新华印刷集团有限公司

经　　销：全国新华书店

开　　本：890 mm × 1 240 mm　1/32　　印张：7　　字数：220千字

版　　次：2024年3月第1版　　2024年3月第1次印刷

定　　价：49.00元

本书编者名单

主　　编：赵卫星　李晓慧　康利允

副 主 编：高宁宁　常高正　李　海　程志强　朱迎春

编写人员：梁　慎　李海伦　王慧颖　李军华　范君龙

张伟民　王洪庆　张雪平　刘喜存　王　贞

董彦琪　师晓丹　刘　宇　顾桂兰　吴　坤

前言

西瓜、甜瓜在我国果蔬生产和消费中占据重要地位，根据联合国粮食及农业组织（FAO）统计，2018年我国西瓜、甜瓜栽培面积分别为151.79万公顷、37.61万公顷，是我国部分地区种植业调整、农民增产致富的重要作物。近年来，我国西瓜、甜瓜产业获得了长足发展，但随着气候、环境、生态及栽培条件的变化，西瓜、甜瓜在生长发育过程中，容易出现生长异常导致生产失败，造成经济损失，这在一定程度上制约着西瓜、甜瓜产业可持续发展。

在国家西甜瓜产业技术体系、河南省“四优四化”科技支撑行动计划、河南省院县共建等项目支持下，编者针对当前西瓜、甜瓜栽培生产中因管理不当、营养不均衡、气候灾害、药害等不同因素造成的西瓜、甜瓜各种生长异常进行了梳理、汇编，采用图文并茂的形式分类逐一介绍，为西瓜、甜瓜的安全高效生产提供理论与技术支撑，并增加了近年来河南省发布的相关西瓜、甜瓜生产的地方标准。本书的出版有利于保证西瓜、甜瓜产业的安全健康、可持续发展，推进西瓜、甜瓜栽培向规范化、标准化转型升级，加快科技兴农，助推农民增产增收。

本书遵循“加强预防、准确识别”的原则，详细介绍了管理不当、营养缺乏、肥害、气象灾害、药害、病虫害等因素导致西瓜、甜瓜生长异常的症状表现、原因分析、预防措施，针对药害与病害、不同病害引起的易混淆的生长异常配以彩色图片说明诊断方法与识别要点，使生长异常的辨认与识别更加直观、易懂，增强了实用性、操作性。本书适合广大农业技术人员、种植户参考使用，也可供农林院校学生阅读参考。

由于我国地域辽阔，各地生产情况、环境条件有较大差异，建议读者在阅读本书的基础上，应用本书中具体技术时结合当地实际情况先进行试验示范再推广，切忌机械地照搬本书。

本书在编写过程中得到了河南省各级农业科研院所和推广部门人员的大力支持，在此表示衷心感谢；编写过程中参阅和引用了一些研究资料，在此向有关作者表示谢意。由于编者水平有限，书中若有疏漏之处，敬请专家和读者批评指正。

编　者

2023 年 4 月

天骄 3 号　GPD 西瓜（2018）410759

早佳（84-24）GPD 西瓜（2018）650162

开优红秀 GPD 西瓜（2018）410184

凯旋 2 号 GPD 西瓜（2018）410761

圣达尔 GPD 西瓜（2017）410125

凯旋 6 号 GPD 西瓜（2018）410839

黄蜜隆 GPD 西瓜（2019）410234

京颖 GPD 西瓜（2018）110378

众云 20 GPD 甜瓜（2019）410225

将军玉 GPD 甜瓜（2018）410208

雪彤 8 号 GPD 甜瓜（2020）410436

雪彤 9 号 GPD 甜瓜（2021）410141

珍甜 18 GPD 甜瓜（2019）410439

翠玉 6 号 GPD 甜瓜（2019）410437

目录

一、管理不当所致生长异常

1. 种皮开裂

症状表现：种子在催芽过程中，出现种皮从发芽孔（种子嘴）处开口，甚至整个种皮涨开的现象（图1–1）；种皮开口后，水分浸入易造成浆种、烂种，胚根不能伸长。

图1–1　种皮开裂

发生原因：浸种时间过短，水分不能渗透到内层去，外层吸水膨胀后，对内层种皮产生一种涨力，被迫从发芽孔的“薄弱环节”处裂开口；催芽时湿度过低，外层种皮失水而收缩，产生了涨力差，被迫裂开口；催芽温度一般应维持在25～30 ℃，温度超过40 ℃ 2小时以上，西瓜外层种皮失水而收缩，使种子裂开口。

预防措施：①在常温下浸种6～8小时，让种子吸足水分。②将种子用湿纱布或用催芽基质催芽，隔12小时左右观察纱布或基质湿度，湿度不够应及时补水。③催芽温度保持在28～32 ℃，湿度较大，氧气充足，保证有一定的黑暗时间。④催芽前，用清水冲洗掉种子表面黏液。

2. 种子不发芽

症状表现：种子在催芽过程中，不能正常发芽，造成浆种、烂种（图1–2）。

发生原因：选用的种子发芽能力差或是存放3年以上的陈种子；催芽温度低于15 ℃，数日后造成烂种；催芽时温度高于40 ℃，出现烧种；浸种时间太短，种子没有吸足水分。

图1-2　种子不发芽

预防措施：①选用发芽能力强而饱满的新种子。②在春季选择晴朗无风天气，把种子摊在席子或纸等物体上，在阳光下暴晒4～6小时，促进种子后熟，增强种子的活力，提高种子发芽势和发芽率。③在常温下浸种8～10小时，让种子吸足水分。④催芽温度保持在28～32 ℃为宜，不宜低于15 ℃或高于40 ℃。

3. 出苗不整齐

症状表现：播种后长时间不出苗，或出苗不整齐，幼苗大小不一（图1–3）。

图1-3　出苗不整齐

发生原因：苗床温度低于16 ℃，低温烂芽；苗床温度超过40 ℃，高温烧芽；床土过干，使幼芽干枯，失去出苗能力；床土湿度过大，空气缺乏，影响出苗；营养土配制不合理，施用了未腐熟农家肥或过量化肥，农药用量大，导致肥害、药害而造成烂芽；播种过深，超过3厘米，加上床土湿度大、温度低，导致氧气不足，出现烂种；苗床带有病原菌，虽然催芽时绝大部分种子已经发芽，但在苗床内感染了病菌依然会发病死亡。

预防措施：①播种前必须把营养土浇湿浇透，防止播种后营养土太干；若床土过湿，应控制浇水、通风降湿或撒干土等。②育苗前做一下发芽试验，测定其发芽率和发芽势。③播前进行温汤浸种、药剂处理、干热处理等种子消毒，消灭种子表面的病原菌和虫卵。

4. 带“帽”出土

症状表现：幼苗出土时，连同种皮一起被带出地面，种皮不脱落，夹住子叶，使子叶不能张开，妨碍了幼苗的光合作用，致使其营养不良，生长缓慢（图1–4）。

图1-4　带“帽”出土

发生原因：种皮厚或种子催芽时浸泡时间过短，种皮未能充分吸水、软化，种壳难与子叶脱离；播种后覆土过浅，种子上盖的土压不住随子叶顶起的种皮；土壤墒情不足，干燥的土重量轻，对种壳形不成足够的压力；温度过低，不利于种子内部酶的活动，致使幼根和胚轴的生长受阻，影响种皮脱出。

预防措施：①播种时种子要平卧点播。②播后覆盖营养土厚度1～1.5厘米，再用喷壶洒水，使覆土湿润。③种子播入苗床，覆土后撒上一些碎稻草并加盖塑料薄膜，以减少床土水分蒸发和稳定床土温度。④出现带“帽”出土现象时，及时喷洒细水，或薄薄地撒一层潮湿的土，以使种皮软化，容易脱落。最终仍不能脱“帽”的，可采取人工摘“帽”。

5. 高脚苗

症状表现：幼苗下胚轴伸长过度，茎秆细而长，植株长势弱，叶面大、叶片薄、颜色较淡；空气湿度降低时，蒸腾作用加剧，导致叶片萎蔫，其花芽形成较慢，花少且晚，往往会形成畸形果，易落花，产量低（图1–5）。

发生原因：从出苗到子叶展开，因播种过密，出苗后又未及时揭去覆盖薄膜；出苗后，苗床温度高，造成幼苗的胚轴过度伸长；幼苗生长后期，秧苗过度拥挤，定植不及时；氮肥偏高，水分偏多。

预防措施：①出苗前床温控制在30 ℃左右，齐苗后至第一片真叶展开前，必须严格控制床温，一般不超过25 ℃。②当80%出苗后，就

图 1-5　高脚苗

应揭开薄膜的通风口进行通风，定植前7～10天要加大通风量，逐渐降温蹲苗。③自根苗使用不超过72孔穴盘，嫁接苗不超过50孔穴盘。④营养土要控制用氮量，注意磷钾肥用量，苗床内严格控制水分和氮肥的使用。⑤用50%矮壮素稀释至2 000～3 000倍液喷施秧苗或浇在床土上，每平方米苗床喷施1千克药液，化控秧苗徒长要严格控制使用浓度和使用方法，以防造成药害。

6. 闪苗和闷苗

症状表现：秧苗不能迅速适应温度、湿度的剧烈变化而导致猛烈失水，并造成叶缘上卷，甚至叶片干裂的现象称为闪苗；而升温过快、通风不及时所造成的凋萎，称为闷苗（图1-6）。

图 1-6　闪苗和闷苗

发生原因：闪苗是通风量急剧加大或寒风侵入苗床，温度骤然下降引起的寒害；闷苗是连续阴雨天气，苗床低温高湿、弱光下幼苗瘦弱，抗逆性差，天气骤晴后苗床升温过快过高，通风不及时而造成的叶片烧伤。

预防措施：①通风应从背风面开口，通风口由小到大，时间由短到长。②阴雨天气尤其是连阴天应适当揭苫，让秧苗见光。③叶面喷施磷酸二氢钾、云大120等进行补救。

7. 徒长苗

症状表现：叶片狭长而薄，叶色浅绿，蜡粉少，茸毛稀疏；子叶窄而薄、色浅，容易脱落；下胚轴细长，幼茎细、节较长、色浅；根系不发达，侧根数量少且根较纤细（图1-7）。

图1-7　徒长苗

发生原因：苗床底肥量过大，特别是速效氮肥用量偏大；床土湿度和苗床温度长时间偏高，特别是夜温偏高；光照不足或瓜苗间互相拥挤等。

预防措施：①按育苗用营养土的配方要求配制营养土。②加强苗床的温度管理，在瓜苗出土后进行大温差育苗，防止夜温偏高，以不高于15 ℃为宜。③合理地对苗床进行浇水，并加强通风，降低湿度。④保持和增强苗床的光照。⑤对已发生徒长的瓜苗，可叶面喷洒缩节胺、多效唑等生长抑制剂来减缓瓜苗的生长速度，但应严格控制生长抑制剂的使用浓度。

8. 僵化苗

症状表现：瓜苗叶小、叶少，叶色暗绿、无光；茎细、节短，茎色暗绿；生长点瘦小，色深绿无朝气，生长缓慢；根细、根少、色暗（图1-8）。

发生原因：苗床温度长期偏低；苗床长期偏干燥；施肥不足，缺少氮肥；施肥过多，发生烧根。

预防措施：①用营养土或基质育苗，保持适量的营养供应，避免营养不足和烧根。②要保持苗床适宜的温度和湿度，避免在温度过高或过低时育苗，特别是不要在高温干燥时育苗。③蹲苗或炼苗的时间也不要太长，要根据当时的天气和瓜苗生长情况适度蹲苗或炼苗。④对僵化严重的瓜苗，可叶面喷洒赤霉素1 000倍液，刺激瓜苗生长点的生长。

图1-8 僵化苗

9. 黄苗弱苗

症状表现：瓜苗生长较弱，出现叶薄、色黄绿现象，瓜苗质量差（图1-9）。

图1-9 黄苗弱苗

发生原因：冬春育苗期间自然光照时间短，光照不足；苗床湿度大、温度偏高、通风不足；施肥不足，营养不良。

预防措施：①保持苗床足够的光照。②加大昼夜温差，防止夜温过高。③加强苗床的通风，降低苗床内的空气湿度，刺激根系的吸收活动，增加营养供应。④交替喷洒0.2%的尿素液、磷酸氢二钾液和1%糖液，每5～7天喷1次。⑤向苗床内补充二氧化碳气体，每天日出半小时后开始补气，每次补气2小时左右，使苗床内的二氧化碳气体浓度保持在0.08%～0.1%。

10.自封顶苗

症状表现：幼苗生长点退化，不能正常地抽生新叶；较轻的表现为丛生状，严重的常常只有2片子叶。有的虽能形成1～2片真叶，但叶片萎缩，没有生长点，或生长点硬化、停止生长，成为自封顶苗（图1–10）。

图1–10 自封顶苗

发生原因：3年以上的陈种子播种，无生长点的瓜苗多；刚出土的瓜苗生长点较幼嫩，叶面喷药或追肥浓度偏高或者喷洒量大极易“烧掉”生长点；遇到不良天气时，苗床温度过低，瓜苗易受到冻害，幼苗生长点往往会被冻死而缺失；遇到晴朗天气时，午后太阳直射苗床，使畦内温度过高，尤其在苗床湿度较小的情况下，幼苗生长点易灼烧；嫁接时接穗苗龄小；苗床温度过低，或幼苗的生长点凝结过冷水珠，造成生长点冻害。幼苗出土后遭受烟蓟马等害虫为害，能锉吸心叶、嫩芽的汁液，造成生长点停止生长。

预防措施：①苗床及时浇水保湿，在晴天的中午及时通风，降低棚室和苗床温度，白天温度保持在25 ℃左右，夜间15～18 ℃，同时要注意避免幼嫩的小苗突然受到强烈的光照。②嫁接时用子叶完全展开的接穗苗。③使用新种子，适度放风，加强保温等。④发现症状，应及时喷洒赤霉素调节瓜苗新陈代谢，提高瓜苗生理活性，促进生长点正常发育。

11. 沤根、烧根

症状表现：根系停止生长，主根、侧根变成铁锈色，严重时根系表皮腐烂不发生新根，地上部轻者心叶发黄，重者幼苗萎蔫；或根系发黄，不发新根，地上生长缓慢，植株矮小脆硬，形成小老苗（图

1-11）。

图1-11　沤根、烧根

发生原因：连续阴雨天、苗床温度低、床土湿度大；施用未腐熟有机肥或化肥用量过大；苗床土壤干燥。

预防措施：①当90%植株的第一片真叶展出后，提高苗床温度到25~27 ℃，若气温低于16 ℃要用灯光或电热线加温。②叶展开后，要根据床土湿度情况及时补充水分，保持床土湿润。③发生沤根时要立即停止喷水，床面撒些细干土或煤灰、草木灰等吸水，使床土温度尽快升高。④发现烧根时及时喷水，提高床土湿度，定植前5~7天停止喷水，进行蹲苗。

12. 叶片白化

症状表现：子叶、真叶的边缘失绿，幼苗停止生长，严重时子叶、真叶、生长点枯死（图1-12）。

图1-12　叶片白化

发生原因：苗期通风不当；温度急剧下降。

预防措施：①适时播种。②改进苗床的保温措施，白天温度为20 ℃，夜间不低于15 ℃。③早晨通风不宜过早，通风量应逐步增加。④避免苗床温度急剧降低。

13. 生长缓慢

症状表现：定植后幼苗不生长或生长缓慢（图1-13）。

图1-13　生长缓慢

发生原因：营养不良，或苗龄过长，在苗床上即已成为僵苗，定植后因根系老化，吸收能力差，导致缓苗困难；定植时间过早，土壤温度低，影响根系生长，特别是土质黏重时极易出现这种现象；苗期喷洒激素类农药过量，或喷洒含有激素类的叶面肥过量也会导致植株不生长；处于棚室边缘的瓜苗生长缓慢可能是受低温影响或光照不足；局部区域出现生长缓慢，可能是土壤质地黏重、地势低洼或肥料不足。

预防措施：①定植之前对秧苗进行筛选，选择白根数量多、苗龄适当、叶片肥大、叶色浓绿的健壮秧苗。②嫁接苗还要对接口愈合情况进行检查，不选用愈合不好的嫁接苗。③定植早时要有较好的保温措施，不进行大水漫灌，采取先洇地后定植、按穴点水的方式，以利于提高温度。④采用施偏肥、喷施生长激素等方法对弱苗进行特殊管理，促使植株生长整齐。⑤土质黏重的地块，要勤中耕，疏松植株附近的土壤，增强土壤的透气性，提高地温。

14. 根部开裂

症状表现：瓜苗长得过快，根部上头裂开，裂开的地方维管束没有断，对瓜苗生长影响不大（图1-14）。

图1-14　根部开裂

发生原因： 瓜苗缺水的情况下突然放大水。温度和水是相辅相成的，水越大，温度越高，越容易裂开。

预防措施： ①瓜苗不浇太大的水，需要小水慢灌。②温度不宜过高，温差不宜太大。③白天最好在25 ~ 28 ℃，晚上最适宜在17 ~ 18 ℃，不要超过20 ℃。

15. 植株矮化、缩叶、黄叶

症状表现： 地上部植株矮化、缩叶、黄叶，甚至枯萎而死（图1–15）。

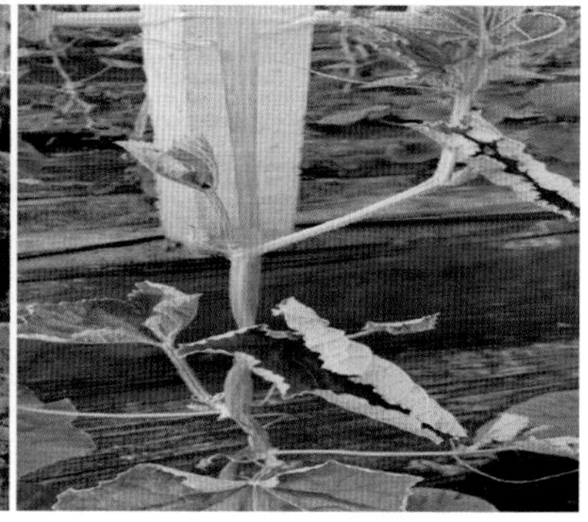

图1–15　植株矮化、缩叶、黄叶

发生原因： 瓜田长时间干旱缺水，或者较长时间土壤过湿、排水不良使根系发育受阻；土壤中钙、镁、硼等元素缺乏；施肥不当产生肥害或除草剂药害，或施用激素不当产生药害。

预防措施： ①加强水分管理，保持土壤湿润，特别是夏秋栽培，要保证有充足水分，做到旱能灌、涝能排。②合理施肥，做到大量元素与微量元素配合施用，均衡营养，提升植株抗病抗逆能力。③合理使用农药与生长调节剂，防止产生药害。④发生药害或肥害，及时喷施萘乙酸或爱多收。

16. 叶片黄金边

症状表现： 叶片边缘干枯，或者叶片边缘及叶脉中间发黄，叶片变脆（图1–16）。

发生原因： 用药浓度过高，药液在叶片边缘积聚，灼伤叶缘，或者浓度过高造成药害，叶脉中间发黄；中午高温用药，水分短期内蒸发过快，药剂浓度相对增加；温度高，叶片气孔张大，容易吸收药剂，造成药害；浇水、用肥不合理以及地温过高，造成根系受伤或者生长受到抑制，叶片生长不良；在低温天气， 放风突然或者阴后突晴及长时间连阴天，都会造成叶片生长不良。

图1-16　叶片黄金边

预防措施：①安全用药，避免随意加大药量。②高温季节用药要避开高温时间段，在早上9点之前，或下午4点之后用药。③合理浇水与施肥，避免根系损伤。

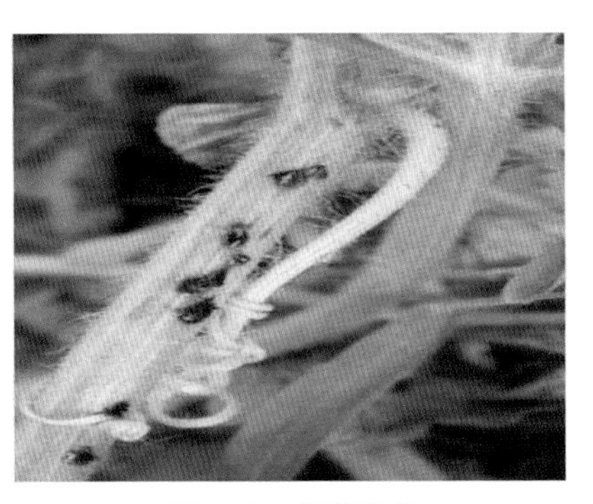

图1-17　粗蔓裂藤

17. 粗蔓裂藤

症状表现：瓜蔓变脆易折断，发生纵裂，溢出少许黄褐色汁液，生长受到阻碍（图1–17）。

发生原因：肥水浇施不合理，温度、湿度不稳定，通风差，土壤内缺乏中微量元素，生长过旺。

预防措施：①加强通风，控制温度、湿度，适时通风透光。②坐瓜前合理控制水分。③用硼肥+磷酸二氢钾1 000倍液叶面喷施，促进西瓜植株生长。

18. 叶缘溢出水珠

症状表现：清晨叶片边缘有水滴存在，这种现象称为吐水，

图1-18　叶缘溢出水珠

容易引发其他病害的发生（图1–18）。

发生原因：土壤水分太多；空气湿度过大；下午合风口时，棚内温度过高。

预防措施：①减少灌水次数，减少灌水量。②加强通风换气，降低叶幕层空气湿度。③尽量待气温下降到25 ℃时，再合风口，以避免夜间棚温过高和湿度过大。

图1–19　茎蔓扁平

19. 茎蔓扁平

症状表现：甜瓜蔓开始时生长正常，慢慢变扁宽状，会多头丛生（图1–19）。

发生原因：植株缺锌；种植3年以上的陈种子；生长期棚内温度过低。

预防措施：①避免使用陈种子。②生长期叶面适当补施锌肥。③保持适宜温度，避免温度过低。

20. 茎细弱，花小

症状表现：茎细弱，节间长，叶片薄而软，叶色淡绿或发黄，结实花瘦小，近圆球形（图1–20）。

图1–20　茎细弱，花小

发生原因：光照不良，有机养分供应不足；夜温偏高，土壤、空气湿度大。

预防措施：①加强整枝，改善光照，增加透风。②降低夜温。

21. 植株急性凋萎

图1-21　植株急性凋萎

症状表现：初期中午地上部萎蔫，傍晚时尚能恢复，经3～4天反复后枯死，根茎部略膨大。与枯萎病的区别在于根茎维管束不发生褐变。多发生在坐果前后（图1-21）。

发生原因：与砧木种类有关，葫芦砧木发生较多，南瓜砧木很少发生，根系吸收的水分不能及时补充叶面的蒸腾失水；整枝过度，抑制了根系的生长，加剧了吸水与蒸腾的矛盾，导致凋萎；光照弱会加剧急性凋萎病的发生。

预防措施：①选择适宜的砧木，加强栽培管理，增强根系的吸收能力。②雨后及时排水，严禁大水漫灌，及时中耕保持土壤通透性良好。③在晴天，湿度低、风大、蒸发量也大时要增加浇水量。④采用涝浇园法，即雨后天晴时，要马上浇水，以降低地温和近地面温度，浇水时应打开排水口，使水经瓜田流过再迅速排出去，浇水后及时中耕，保持土温正常。

22. 叶片白枯

图1-22　叶片白枯

症状表现：基部叶片、叶柄的表面硬化，叶片易折断，茸毛变白、硬化、易断，叶片黄化为网纹状，叶肉黄化褐变，呈不规则、表面凹凸不平的白色斑，白化叶仅留绿色的叶脉和叶柄，多发生于开花前后，果实膨大期加剧（图1-22）。

发生原因：植株体内细胞分裂素类的物质活性降低；过度摘

除侧枝，导致根系的吸收功能降低。

预防措施：①适当整枝，整枝应控制在第10节以下。②从始花期起每周喷1次1 500倍甲基托布津液，预防病害的发生。

图1-23　雄花花粉少

23. 雄花花粉少

症状表现：植株有雄花开放，但花粉量少、花粉不易散开；即使花粉能散开，花粉活力也低，采用这些低活力花粉授粉，往往授粉受精不良（图1-23）。

发生原因：早春阴雨、寡照时，棚内湿度大，雄花开放时花药湿润，花粉不易散开，或花粉吸湿破裂；棚内干燥，尤其是刮西北风天气，花粉虽能散开，但活力往往较低；温度过高或过低，不利于花粉管萌发和伸长，造成受精不良。

预防措施：①采用多膜覆盖，提高夜温。②棚内湿度大时，及时打开南端棚膜，降低棚内湿度。③提前采集雄花，采集次日将开放的雄花摊放在室内，置于25～28 ℃环境下过夜，使其干燥、开放。④利用低温真空保存的花粉授粉，可于下午采集当天开放的新鲜雄花，在室温25 ℃下摊晾、干燥2小时。剪下雄蕊，过筛，装袋，真空，封口，将包装后的花粉在4 ℃下预冷1小时，再放入-25～-20 ℃的冰柜或冰箱内保存。

图1-24　雄花多、雌花少

24. 雄花多、雌花少

症状表现：植株的雌花、雄花比例发生变化，植株上开的花以雄花为主，少见雌花，雌花、雄花比例为1：（5～10），并且第1雌花着生节位趋向主蔓第10节以上（图1-24）。

发生原因：随着苗期温度的提高，尤其是夜温，有利于雄花发育，雄花数增加，雌花着生节位提高；当苗床相对湿度大于80%时，雄花分化增加，雌花分化受阻。

预防措施：①控制苗期温度、湿度，保持苗床相对湿度在80%以下。②进行大温差（10 ℃以上）育苗，即白天以较高温度促进生长，但不要超过30 ℃；夜间以较低温度促进雌花分化，但不能低于15 ℃。

25. 西瓜两性花

症状表现：①雄蕊和雌蕊都正常发育，其柱头与雌花相似，子房较雌花大，发育正常；雄蕊与雄花相似或更加强壮，能在开花当日散粉，两性花子房较大，授粉后容易坐果。坐果后子房膨大迅速，单瓜大，果皮较厚，并且花蒂疤痕较大。②雌蕊正常发育，雄蕊萎缩变小的雌全两性花，其柱头与正常雌花相似或较强壮，子房发育正常；雄蕊萎缩变小，开花当日不能散粉或散粉较少，多数在开花次日才开始散粉，此类两性花授粉后容易坐果。③雄蕊超常发育、雌蕊萎缩变小的雄全两性花，其雄蕊较正常雄花的雄蕊强壮，能在开花当日散粉，柱头萎缩变小，子房多为畸形，不易坐果或坐畸形果（图1-25）。

图1-25　西瓜两性花

发生原因：育苗期间低温弱光或昼夜温差小，生长期间遇到高温、强光的环境；温度较低时，易出现雌全两性花；植株生长旺盛，易出现雄蕊和雌蕊两性花。

预防措施：①加强苗床温度管理，育苗期棚内夜温低于16 ℃，就要启用锅炉或空气加热器加温，进行大温差（10 ℃以上）育苗。②在光照不足的情况下，及时用植物生长灯补光3～6小时，增加苗床的光照。③伸蔓期棚温不低于20 ℃时，要进行通风。④在植株生长旺盛、茎蔓粗壮、叶片肥大、叶色浓绿的情况下，不施肥浇水。

26. 坐果难

症状表现：出现坐果难、畸形果多的问题，使产量和商品性降低（图1–26）。

图1-26　植株旺长，坐果难

发生原因：低温寡照和有机营养不足，导致花芽分化不良，多数雌花不授粉而成为畸形花；瓜柄细长，达不到与主蔓基本相同的粗度就会化瓜；光照强度严重不足；浇水和施用氮肥次数过多，植株徒长，营养生长过剩，造成大量幼果化瓜。

预防措施：①在保温良好的情况下，光照强度会严重不足，尽量增加光照时间和光照强度。②适当喷施硼、钙、锌、铁叶面肥。③开花坐果期，减少浇水和氮肥的施用。④可喷施爱多收或助壮素，喷施1～2次，控制植株旺长。⑤当发现瓜田植株生长过旺，呈徒长现象，可以将主蔓根部留5～10片叶，其余剪断，利用侧蔓结瓜。⑥雌花现蕾后，瓜前留2片叶掐去顶尖，除去多余侧蔓，使养分集中供给雌花发育。⑦在瓜前一节，轻轻把茎捏扁，削弱尖端优势，使养分集中供应幼瓜。

27. 畸形果

症状表现：主要有扁形果、尖嘴果、偏头畸形果等。扁形果果实扁圆，果皮增厚，一般圆形品种发生较多。尖嘴果多发生在长果形的品种上，果实尖端渐尖。葫芦形果表现为先端较大，而果柄部位较小。偏头畸形果表现为果实发育不平衡，一侧生长正常，而另一侧生长停顿（图1–27）。

发生原因：扁形果是低节位雌花所结的果，果实膨大期气温较低；尖嘴果是由于果实发育期的营养和水分供应不足、坐果节位较远而发生；偏头畸形果是由于授粉不均匀；受低温影响形成的畸形花所结的果实，亦会畸形。

图1-27 畸形果

预防措施： 加强肥水管理，控制坐果部位，选留子房端正的幼果，摘除畸形幼果。

28. 裂果

症状表现： 田间裂果是在静态下果皮爆裂，采收裂果是在采收、运输的过程中果皮爆裂（图1–28）。

发生原因： 在果实发育中突然遇雨或大量浇水，土壤水分急增，果实迅速膨大造成裂果，一般在花痕部位首先开裂；果实发育初期，温度低发育缓慢，以后迅速膨大也易引起裂果；座果灵使用浓度过高；采收振动而引起裂果，瓜皮薄、质脆的品种容易裂果。

预防措施： ①选择不易开裂的品种。②采用棚栽防雨及合理的肥水管理措施，增施钾肥提高果皮韧性。③尽量减少果实的振动等均可减少裂果。④合理使用座果灵，温度高时，可适当加大稀释倍数，温度低时，应减小稀释倍数。

图1-28　裂果

29. 日烧果

症状表现：果面组织灼烧坏死，形成一个干疤（图1-29）。

图1-29　日烧果

发生原因：烈日暴晒引起的日烧与品种有关；与植株生长状况有关，藤叶少、果实暴露时间长容易发生。

预防措施：①前期增施氮肥，促进茎枝叶生长。②果面盖草防晒。

30.脐腐果

症状表现：在果脐部收缢、干腐，形成局部褐色斑，果实其他部分无异常（图1–30）。

图1–30　脐腐果

发生原因：与植株缺钙、土壤干旱有关，有时土壤不一定缺钙，但供水不足也会影响植株对钙的吸收。

预防措施：①适时浇水，促进根系对硼的吸收，进而提高对钙的吸收。②叶面喷施钙肥。

31.空洞果

症状表现：瓜瓤出现开裂，并形成缝隙空洞（图1–31）。

图1–31　空洞果

发生原因：空洞果的产生除与大果型品种本身有关外，还与低温条件下坐果，氮肥过多引起旺长的情况下坐果，果皮和瓜瓤生长速度不一致有关。

预防措施：①坐果期保持白天温度25～35 ℃，夜晚18～20 ℃，在低温或干旱条件下，适当推迟坐果节位。②及时整枝，防止跑藤，摘除多余的侧蔓。③在幼果鸡蛋大小时进行疏果。

32.肉质恶变果

症状表现：发育成熟的果实虽在外观上正常无异，剖开时发现果肉呈紫红色、浸润状，果肉变硬、半透明，可闻到一股酒味（图1–32）。

发生原因：土壤水分骤变降低根系的活性；叶片生长受阻，加上高温，使果实内产生乙烯，引起呼吸异常，导致果肉劣变；植株感染黄瓜绿斑花叶病毒也会发生果肉恶变。

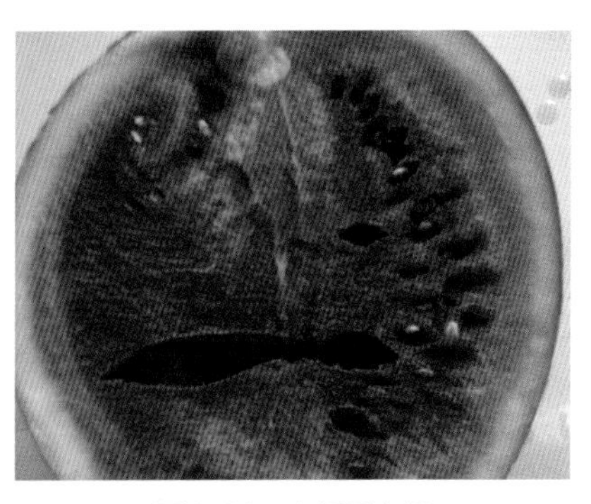

图1-32 肉质恶变果

预防措施：①深沟高畦栽培，加强排水，保持适宜的土壤水分。②深翻土壤，多施农家肥料，保持通气良好。③适当整枝，避免整枝过度抑制根系的生长。④当叶面积不足或果实裸露时，应盖草遮阳。⑤防止病毒传播，切断病毒传播途径。

33. “黄筋”果

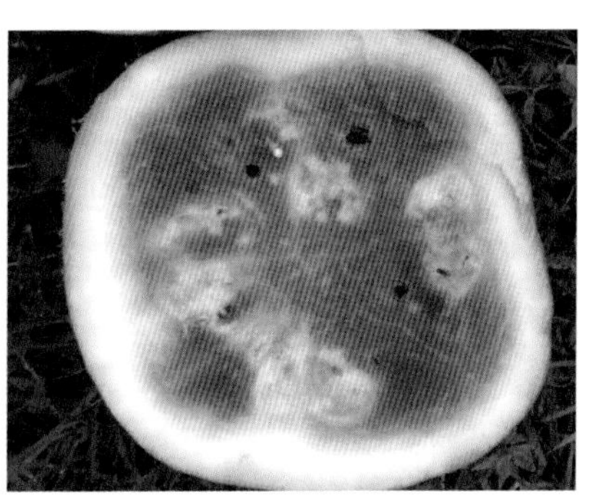

图1-33 “黄筋”果

症状表现：将西瓜纵向切开，可看到从顶端花痕部到果柄部的维管束成为发达的纤维质带，通常多为白色，严重时呈黄色，黄筋的果实糖度低，肉质差（图1-33）。

发生原因：钙的缺乏造成西瓜成熟后期纤维物质不能消退而形成黄筋；氮肥施用过多，植株长势过旺，会阻碍养分向果实输送，瓜瓤内的维管束和纤维不能随着果实正常成熟而消退；果实发育后期遇到连续低温天气或光照不良时，植株的正常生长受到影响，果实营养的吸收受阻；砧木本身的抗逆性较差或者砧木同接穗的亲和力不好，则极易导致果实成熟过程中水肥运输不畅，果实得不到必需的营养物质而产生黄筋果，其中部分南瓜砧木易出现这种情况；高温、干燥，植株结瓜过多，钙、硼的吸收受到阻碍时，黄筋果会显著增多。

预防措施：①科学施肥。②合理整枝，及时整枝以保护好植株功能叶，确保其充分进行光合作用，制造充足的光合产物，以保证果实生长期的营养需求。③协调植株的营养生长和结果，保证果实得到充足的同化物质和水分。④从幼苗开始应给予充足的光照，确保花芽健康生长。⑤开花前出现粗蔓，可摘除蔓心，破坏其长势。⑥防止土壤干燥，用地膜覆盖地面并适时浇水，减少土壤水分蒸发，促进根系对钙、硼的吸收。⑦嫁接栽培要选择嫁接亲和力好、抗逆性强的砧木。⑧防止叶片卷缩、老化，否则同化作用降低，果实会受到阳光暴晒。

34. 甜瓜变“苦”

症状表现：甜瓜外观正常，但肉质变苦（图1–34）。

图1-34　甜瓜变“苦”

发生原因：甜瓜生长期遇高温和干旱，根部吸收水分的功能减弱，导致其生长缓慢，不容易吸收水分和养分，果实中就会累积大量的苦味素；遇上长时间的阴雨天气，糖分含量低，很多苦味素不能转化，使果实味道带苦；速效性氮肥施用过量，造成硝酸铵含量过大；大瓜龄苗移栽时伤根严重；未等甜瓜自然成熟，用化学物质催熟，引起外皮上大量的苦味素积累；在甜瓜成熟时期农药残留过多也会使果肉呈苦味；座果灵浓度使用过高，造成激素在果实内残留时间过长。

预防措施：①保护地栽培时保持薄膜洁净，尽量争取获得透光率，使土壤积累更多的热能。②放行减株，适当稀植，注意整枝、绑蔓、摘心，全面改善田间光照条件。③晴天白天温度应控制在26 ~ 28 ℃，夜间温度应控制在10 ~ 12 ℃。遇到异常天气，要及时采取补救措施。③多施有机肥，不要过多施用氮肥。合理浇水，使土壤有足够的水分，阴雨天不宜浇水，宜选择晴天早晨浇水。④不要留根瓜，坐瓜节位也不能离根部太远。⑤在定植时和田间管理期间，不要伤根或尽量减少伤根。⑥用座果灵时，其施用浓度与环境温度有关，温度高时浓度应适当降低；温度低于15 ℃时不宜施用。施用座果灵后，一定要等甜瓜完全成熟后再采收，使苦味素充分转化。

35. 阴阳皮瓜

症状表现：同一个西瓜瓜皮的颜色一部分较深，一部分较浅，形成“阴阳脸”（图1–35）。

发生原因：一面向阳，一面被稻草铺盖；瓜皮颜色控制基因呈显性时出现；两种瓜花粉混合；在生长过程中发生基因突变，与瓜的两侧接受阳光照射的时间长短不同有关。

图1–35　阴阳皮瓜

预防措施：①及时翻瓜，尽量使瓜受光均匀。②尽量不使用两种或两种以上花粉混合授粉。

36. 肚脐瓜

症状表现：果实花痕大并膨大凸出（图1–36）。

发生原因：与品种特性有关，果肉薄、花痕大的品种较易出现肚脐瓜；雌花开花较迟，花痕比较大，易产生肚脐瓜；植株生长旺盛，多肥、高温等因素肚脐瓜产生较多。

图1–36　肚脐瓜

预防措施：①选用优良品种。②适当控制肥水。

37. 果形不一致

症状表现：同一植株在不同生长期结的果实形状有一定的差别（图1–37）。

发生原因：果形是反映品种种性的主要特征，果实膨大期所需的综合因素处于适时、适量、均衡，膨大后的果形才能代表该品种的果实特征。一般来说，早期结的果要扁一些，晚期结的果要长或高一些。

图 1-37　同一植株果形不一致

预防措施：①肥水管理要合理。②保留合理的功能叶。③注意选择适宜的坐果节位。

38. 果实大小不一致

症状表现：同一植株在不同生长期结的果实大小有一定的差别（图 1-38）。

图 1-38　同一植株果实大小不一致

发生原因：植株生长过于衰弱，低节位结的果实，功能叶片不足，果实得不到充足的同化营养而不能正常发育；放任生长，植株坐果太多，养分分散；植株营养生长过旺，造成高节位结的果实小；在坐果少而肥水又充足的情况下，出现超大果。

预防措施：①在栽培管理方面，前期应促进正常生长，不能让苗势衰弱，也不能出现“疯长”现象。如植株生长过弱，可摘除幼果，促进营养生长；营养生长过旺时，应控制肥水，同时喷多效唑。②合理整枝和尽量控制好坐果节位。③控制好坐果数量。

图1-39　成熟甜瓜着色差

39. 成熟甜瓜着色差

症状表现：有些黄白、黄绿品种的甜瓜，其幼果是绿色，随着糖分积累，逐渐成熟后转变成原本色泽，有着色差，造成商品性降低（图1-39）。

发生原因：留瓜节位过低，整枝过度，造成功能叶片太少，养分供应不足，植株早衰；空气过于干燥或湿度过大；病虫害发生较重。

预防措施：①在爬地栽培中，主蔓产生的第一个子蔓要摘除。②坐果后期控制氮肥用量，不宜单独施氮肥。③合理整枝，防止植株早衰。④及时防治病虫害。

二、营养缺乏与过剩所致生长异常

1. 缺氮症

症状表现：叶色由翠绿褪至浅绿、黄绿色，老叶干枯，新生叶少而小，叶面不能扩展，瓜蔓顶端露尖乏力，植株早衰，基部叶片开始发黄，并逐步向新叶发展（图2–1）。

图 2–1　缺氮症

发生原因：土壤瘠薄、氮肥施用量不足。

预防措施：①苗期缺氮，每株补施尿素20克左右；伸蔓期缺氮，每亩补施9～15千克；结果期缺氮，每亩补施15千克左右，或每亩用人粪尿400～500千克兑水浇施。②用0.3%～0.5%尿素溶液（苗期取下限，坐果前后取上限）叶面喷施。

2. 氮过剩症

症状表现：叶片肥大而浓绿，中下部叶片出现卷曲，叶柄稍微下垂，叶脉间凹凸不平，植株徒长。受害严重的叶及叶柄萎蔫，植株在数日内枯萎死亡（图

图 2–2　氮过剩症

2–2）。

发生原因：由于施用铵态氮肥过多，特别是遇到低温或把铵态氮肥施入消毒的土壤中，硝化细菌或亚硝化细菌的活动受抑制，铵在土壤中积累的时间过长，引起铵态氮过剩；易分解的有机肥施用量过大。

预防措施：实行测土施肥，根据土壤养分含量和作物需要，对氮磷钾和其他中微量元素实行合理搭配科学施用，尤其不可盲目施用氮肥。在土壤有机质含量达到2.5%以上时，应避免一次性每公顷施用超过5 000千克的腐熟鸡粪；在土壤养分含量较高时，提倡以施用腐熟的农家肥为主，配合施用氮素化肥；发生氮过剩，地温高时可延长光照时间，注意防治蚜虫、霜霉病等病虫害，同时配合钾、镁等其他肥料。

3. 缺磷症

症状表现：植株矮小，顶部叶浓绿色，下部叶呈紫色，老叶首先凋谢干枯脱落，长势缓慢，叶小、果小推迟成熟，果肉中往往出现黄色纤维和硬块，甜度下降，种子不饱满（图2–3）。

图2–3　缺磷症

发生原因：土壤磷素不足或受拮抗作用抑制了对磷素的吸收。

预防措施：①每公顷用过磷酸钙15 ~ 30千克开沟追施。②用0.4% ~ 0.5%过磷酸钙浸出液叶面喷施。同时，调整土壤水分和温度，促进根系发育，提高植株吸肥能力。

4. 磷过剩症

症状表现：叶脉间的叶肉上出现白色小斑点，病健部分界明显，外观上与某些细菌性病害类似（图2–4）。

发生原因：过量施用磷肥所致，磷素过多会使作物的呼吸作用增强，消耗大量碳水化合物，叶肥厚而密集，使繁殖器官过早发育，茎叶生长受到抑制，引起植株早衰。有时会以缺锌、缺铁、缺镁等的失绿症表现出来。

图 2-4　磷过剩症

预防措施：①注意科学施用磷肥，在减少磷肥施入量的同时，提高肥效。②土壤如为酸性，磷呈不溶性，虽然土中有磷的存在根系也不能吸收。③施用堆厩肥，磷不会直接与土壤接触，可减少被铁或铝所结合的量，有利于根的发育及对磷的吸收。

5. 缺钾症

症状表现：叶片自下而上叶缘首先发黄，向内侧扩展，变色部分与绿色部分对比清晰，然后逐渐焦枯，严重的整个叶片枯萎，坐果率低，已坐的果，个头小，含糖量不高（图2–5）。

图 2-5　缺钾症

发生原因：在盛果期不注意补施钾肥，导致钾元素供应不足；石灰性肥料使用过多，影响植株对钾的吸收；温度低，日照不充分，对钾的吸收造成影响；沙质土壤，灌水过大，造成钾元素随水流失。

预防措施：①施用化肥时，氮、磷、钾肥要合理搭配，防止氮肥施用过多。②坐果后应结合浇水追肥1次，每亩施复合肥15千克、硫酸钾10千克。③采用叶面追肥，用0.1%的磷酸二氢钾水溶液喷施茎叶效果更好。

6. 缺钙症

症状表现：瓜蔓生长较缓，植株较矮，节间较短，组织柔软，雌花不充实，幼叶叶缘发黄并向外侧卷曲，呈降落伞状，老叶仍保持绿色，植株顶部一部分变褐而死，茎蔓停止生长，果实还易滋生脐腐病（图2-6）。

图 2-6　缺钙症

发生原因：偏施氮肥，氮钙比例失调；偏施钾肥，钙钾拮抗导致缺钙；偏施磷肥，土壤pH值降低也会导致缺钙；土壤理化性质差，根系感染病菌或缺少其他根系需要的营养等，都会导致根系发育不良，吸收钙的能力也就会下降，进而造成缺钙；低温阴雨之后天气突然放晴，气温快速提升导致蒸腾加剧，对钙的需求增加，但土壤温度没有气温回升得快，根系的吸收能力没有恢复，不能吸收到足量的钙离子。

预防措施：①遇长期干旱天气时，适时浇水，促进根系对硼素的吸收，进而提高对钙的吸收。②增施石膏粉或含钙肥料，如过磷酸钙溶液叶面喷施。

7. 缺铁症

症状表现：首先在植株顶端的嫩叶上表现症状，幼叶呈淡黄色，但叶脉仍为绿色，随着叶片的增大老化，整个叶片都会失绿并逐渐脱落。严重缺铁，叶脉绿色变淡或消失，整个叶片呈黄色或黄白色（图2-7）。

图 2-7　缺铁症

发生原因：土壤pH值对土壤铁元素的有效性影响很大，当pH值大于6.0时，铁元素的有效性随着土壤pH值升高而逐渐下降；高重碳酸盐土壤，或土壤排水不良、湿度过大、温度过高或过低、存在真菌或线虫为害等，使石灰性土壤中游离碳酸钙溶解产生大量碳酸氢根离子，使铁元素的有效性大大降低；土壤含有较多金属离子，如锰、铜、锌等，均能与铁离子产生拮抗作用；高磷含量土壤，或磷肥使用过量也会诱发缺铁症状；积水沤根、地温过高伤根、地温低根系发育不良、土壤板结影响根系生长等都会影响对铁元素的吸收。

预防措施：①增施有机肥，活化土壤中的铁离子，促进植株对铁元素的吸收。②改良土壤，碱性土壤施用酸性肥料，也可施用螯合铁改良土壤。③避免磷和铜、锰、锌等重金属过剩。④田间出现缺铁症状时，可叶面喷洒0.1%～0.2%硫酸亚铁溶液。

8. 铁过剩症

症状表现：老叶上有褐色斑点，叶缘变黄下卷，叶脉间发黄，根部呈现灰黑色，容易腐烂（图2-8）。

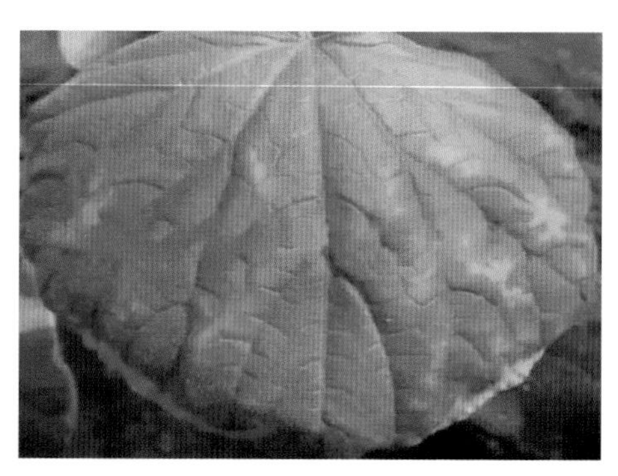

图2-8　铁过剩症

发生原因：土壤酸性，排水不好，三价铁离子被还原为二价亚铁离子，土壤中亚铁离子浓度增加；土壤缺钾，植物含钾低，根系氧化力下降，对亚铁离子的氧化力减弱，使亚铁离子在根系累积；旱作土壤易使铁催化产生氧自由基，会造成光合组织的损伤，造成毒害。

预防措施：①保持土壤良好的通气状态，施用完全腐熟的有机堆肥。②加强田间排水，保持适宜水分。③适当增施石灰来调整土壤pH值，以防铁元素过剩。

9. 缺镁症

症状表现：果实膨大时，近旁的老叶叶脉间首先黄化失绿，叶尖较为明显，但叶脉仍保持绿色，在生长后期，除叶脉残留绿色外，叶脉间均变黄，严重时黄化部分变褐色，落叶，植株发育不足，果实小、品质差（图2-9）。

图2-9　缺镁症

发生原因：土壤中镁元素供应不足；灌水过量，钾肥施用过多；土壤呈酸性，并连续使用酸性肥料。

预防措施：①在基肥中，每亩施硼镁肥6～8千克。②对已发生缺镁症状的，可立即用0.1%～0.15%硫酸镁溶液叶面喷洒，防止心叶黄化。

10. 缺锌症

症状表现：茎蔓纤细，节间短，新梢丛生，生长受到抑制；多出现在中、下位叶，而上位叶一般不发生黄化；叶小丛生状，新叶上发生黄色斑，渐向叶缘发展，全叶黄化，向叶背翻卷，叶尖和叶缘并逐渐焦枯；出现开花少、坐果难等不良现象（图2-10）。

图 2-10　缺锌症

发生原因：由于早春气温低，土壤冷凉，各种微生物活动慢，土壤养分没有充分溶解，根系弱小，吸收能力差；土壤中的锌有50%～60%被土壤中的有机质固定，形成难溶的锌；过量施用磷肥，引起无机磷在植物体内与锌结合而在叶脉中形成沉淀，造成植物缺锌；土壤连年施用除草剂类有机农药积累毒害等不良环境因素。

预防措施：①在基肥中，每亩施硫酸亚锌1～2千克。②如已发生缺锌症的，应及时喷洒0.1%～0.2%硫酸锌水溶液。③叶面喷施0.2%硫酸锌+0.1%熟石灰，连喷2～3次。

11. 锌过剩症

症状表现：植株生长发育受阻，叶脉变褐色，叶柄上产生褐色斑，顶端叶产生缺铁的症状，果实失绿变白（图2-11）。

图 2-11 锌过剩症

发生原因：锌含量较高的酸性土壤；锌矿附近地块易于发生；过量使用含锌元素的农药。

预防措施：①施用石灰质肥料，提高土壤pH值，使锌呈难溶态。②通过翻土使表层土与深层土混合，降低锌含量。

12. 缺硼症

症状表现：新叶不伸展，叶面凸凹不平，叶色不匀；新蔓节间变短，蔓梢向上直立，且新蔓上有横向裂纹，脆而易断。断面呈褐色，严重时生长点死亡，停止生长，有时蔓梢上分泌红褐色膏状物；常造成花发育不全，果实畸形或不能正常坐果（图2-12）。

图 2-12 缺硼症

发生原因：质地粗的土壤、有机质贫乏的沙砾质土壤、大量使用生石灰的土壤等，会引起有效硼供应不足；土壤干旱，则会抑制硼的移动，使作物吸收受到抑制；土壤过湿时，会导致硼元素的缺失；氮肥、钾肥施用过多，对硼有拮抗作用。

预防措施：①适时浇水，提高土壤可溶性硼含量，以利于植株吸收。②定植前，亩施硼砂1.5～2千克。③缺硼时，可及时喷洒0.2%硼砂或硼酸水溶液。

13. 硼过剩症

症状表现：幼苗出土，真叶顶端变褐色，向内卷曲，逐渐全叶黄化；幼苗生长初期，较下位叶叶缘出现黄化；叶片的叶缘呈黄白色，而其他部分叶色不变；即使下位叶出现硼过剩的症状，上位叶通常是正常的（图2–13）。

图 2–13　硼过剩症

发生原因：前茬使用较多的硼肥（如硼砂、硼酸等）；含硼较高的工业废水流入过田间；使用过量的硼肥使下位叶的叶缘黄化，进一步向内发展使整个叶片黄化并脱落。

预防措施：①在土壤休闲期施用石灰，或在作物生长期施用碳酸钙，以提高土壤的酸碱度，降低硼的溶解度。②土壤中的硼过量时，可以通过浇大水将溶解到水中的硼淋洗走一部分。浇大水后结合施用石灰或碳酸钙效果更好。

14. 缺锰症

症状表现：首先新叶脉间发黄，主脉仍为绿色，使叶片产生明显的网纹状，以后逐渐蔓延至成熟老叶；较严重时，主脉也变黄。长期严重缺锰，致使全叶变黄；种子发育不充分，果实易畸形（图2–14）。

图 2–14　缺锰症

发生原因： 土壤锰含量低，造成锰缺乏；当土壤pH值为5.0～6.5时，锰形成可溶性物质，容易被根吸收，土壤为中性或碱性时，锰形成不可溶的物质，不能被植物根吸收利用；土壤黏重，含氧量低，根系生长受阻。

预防措施： ①播前用0.05%～0.1%硫酸锰溶液浸种12小时或结合整地做畦，每亩施硫酸锰1～4千克与有机肥混匀作基肥。②若发现缺锰，应及时用0.06%～0.1%硫酸锰溶液根外追施。

15. 锰过剩症

症状表现： 先从下部叶开始，叶的网状脉变褐；然后主脉变褐，沿叶脉的两侧出现褐色斑点（褐脉叶）。把叶对着阳光看，可见叶脉变褐部坏死。也有的是沿叶脉出现黄色小斑点，并扩大成条斑，近似于褐色斑点，先从叶的基部开始（图2–15）。

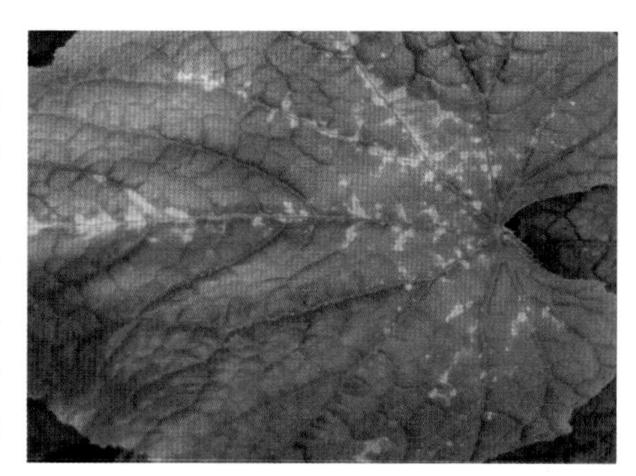

图2–15　锰过剩症

发生原因： 土壤中锰的含量过高，被激活为可吸收态；经常或过量施用含锰的农药。

防治方法： ①土壤中锰的溶解度随着pH值的降低而增高，施用石灰质肥料，可以提高土壤pH值，从而降低锰的溶解度。②注意排水，防止土壤过湿，避免土壤溶液处于还原状态。

16. 缺铜症

症状表现： 瓜蔓的生长点延伸停滞，叶绿素减少，叶片出现失绿现象，幼叶的叶尖因缺绿而黄化并干枯，最后叶片脱落，繁殖器官的发育受到破坏（图2–16）。

发生原因： 泥炭土、沼泽土及腐殖土有丰富的有机质，对铜有强烈的吸附作用，降低了铜的有效性；土壤干旱缺水，会使有机质分解慢，诱发缺铜。

预防措施：①在整地、播种时施铜肥，还可与钾、磷、氮肥混合用，硫酸铜水溶性好，成本低，效果也好，常用剂量0.5～1千克/亩，但因其腐蚀性强，易产生药害，很少叶面施用。②铜渣宜在酸性土壤中施用，常用剂量0.3～0.7千克/亩，植株明显缺铜时，也可叶面施肥。③王铜是叶面肥，用量36～76克/亩。

图 2-16　缺铜症

17. 铜过剩症

症状表现：自下部叶的叶脉间变黄，生长发育受阻。根生长不良，根尖变短且有短的分枝根，节间变短（图2-17）。

发生原因：盲目大量使用铜肥；反复使用波尔多液等含铜农药导致铜积累过多；灌溉水或土壤被铜污染。

图 2-17　铜过剩症

预防措施：①不要盲目大量使用铜肥。②施用铜肥时最好配加硫酸铜用量10%～20%的熟石灰。③增施磷肥，减轻铜肥毒害。④进行深耕，加深耕作层，使累积的铜浓度降低，或采取将耕层更换为新土等措施。

三、肥害所致生长异常

1. 氨气为害

症状表现： 植株首先在叶缘出现水浸状萎蔫，受害部分呈白化进而变褐，最后干枯。受害部与健部界限比较清晰，严重时出现冻害样的白化干枯死亡（图3–1）。

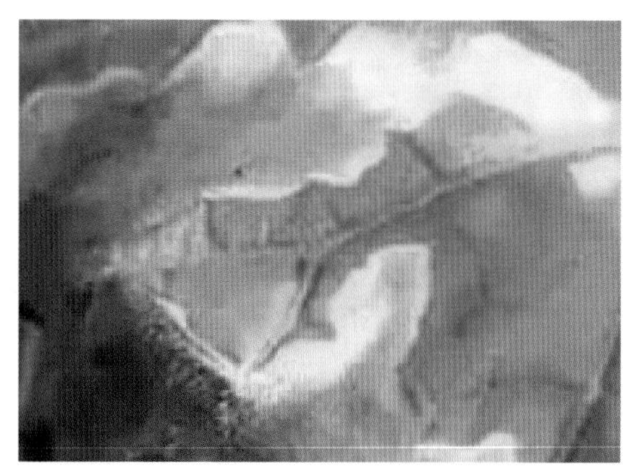

图 3–1　氨气为害

发生原因： 施用未经腐熟的人粪尿、畜禽粪、饼肥等有机肥（特别是未经发酵的鸡粪），遇高温时发生分解；追施化肥不当也能引起氨气为害，如设施内追施碳铵、氨水等；大量使用含硝铵的烟雾杀虫（菌）剂。

预防措施： ①施用有机肥作基肥的，一定要充分腐熟；化肥和有机肥只能深施，不能在地面撒施；施肥不能过量，特别是追肥宜少量多次；适墒施肥，或施后灌水，使肥料能及时分解释放。②在追肥、浇水之后，趁晴天温度较高时，及时通风换气，即使阴天也应利用中午等有利时机，进行短时间的换气，以减少棚内有害气体的积累量。③当棚内出现氨气中毒症状时，除放风排气外，还要快速灌水，降低土壤肥料溶液浓度，在植株叶片背面喷施1%食用醋，可以减轻和缓解为害。

2. 二氧化硫气害

症状表现： 使叶片叶肉组织失去膨压而萎蔫，产生水浸状斑，最后变成白色，在叶片上出现界线分明的点状或块状坏死斑。严重时，斑点可连接成片，受害较轻时，斑点主要发生在气孔较多的叶背面（图3–2）。

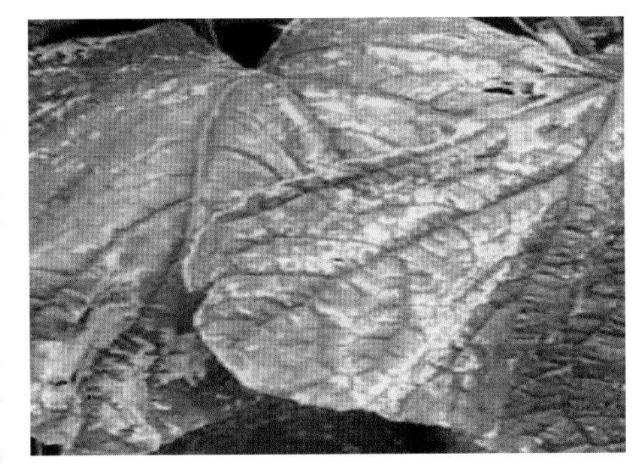
图 3-2　二氧化硫气害

发生原因：在棚室生长期间使用煤火加温；使用含硫较多的肥料（如常用硫黄消毒的圈舍产生的粪便）；棚室内采用硫黄熏蒸防病时，使用剂量过大或时间过长。

预防措施：①及时喷洒碳酸钙、石灰水、石硫合剂或0.5%合成洗涤剂溶液。②需要生火补温时，要严防烟气泄漏到棚室内，一旦闻到烟味，就应立即通风换气，并适当浇水、追肥，以减轻为害。

3. 亚硝酸气体毒害

症状表现：亚硝酸气体毒害分急性和慢性两种。①急性肥型，早期时，叶片上形成很多白色坏死斑点，严重时斑点会连片或叶片枯焦。②慢性肥型，叶尖或叶缘会先出现黄化现象，然后逐渐向中间扩展，发病部位先发白，后干枯（图3–3）。

图 3-3　亚硝酸气体毒害

发生原因：当气温较低、土壤通透性较差时，施用过量的氮肥后，会使氮肥硝化受阻，使土壤中亚硝酸态氮大量积累，遇上酸性土壤，会使亚硝酸气体大量逸出，对叶片造成严重肥害。

预防措施：①氮肥要适量施用并与磷、钾等肥料配合，施后及时覆土或将肥料与土壤充分混合，以使氮肥被作物充分吸收利用。②施用有机肥、缓（控）释肥料等养分缓慢释放的肥料可以减少有害气体的产生。③适量使用硝化抑制剂，抑制亚硝酸气体。④一旦发生有害气体的毒害，要及时通风，散逸出有害气体。

4. 有机肥肥害

症状表现：初期表现为叶片萎蔫下垂，但茎秆一般不腐烂、不变色；严重时表现为叶片呈水浸状枯萎，拔出根系会发现病株的根毛少、不发新根，根系呈现褐色或腐烂状态，严重影响根系的吸收功能（图3-4）。

图 3-4　有机肥肥害

发生原因：大量施用未发酵腐熟的有机肥，如直接将猪粪、牛粪、鸡粪等施入瓜田中，其在分解过程中会产生有机酸及热量，同时会产生大量的氨气和亚硝酸等有害气体，会伤害根部和毒害地上茎叶部分。

预防措施：①有机肥施用前要充分发酵腐熟，施用时要与土壤混合均匀。②有机肥与氮肥、生物菌肥配施，可以提高肥效，但与磷肥配施则会降低肥效、影响产量。

5. 盐分积累型肥害

症状表现：茎生长点萎缩，心叶褪绿，未展开叶片的叶柄向内弯曲。叶片缺乏活力，严重时中午发生萎蔫，夜间可以恢复；叶片变得异常浓绿，发硬，且有闪闪发光状，叶缘有泌出盐分痕迹或褪绿黄化；根色变褐，根尖齐钝（图3-5）。

发生原因：施肥量过大，土壤中的可溶性盐分在地表聚集，地表盐分含量过高时，会导致根系生长严重受阻，甚至出现有的地块无法耕种。

预防措施：①防止一次施肥量过大，基肥要施后覆土或与土壤充分混合。②追肥要提倡深施覆土，施后及时灌水。③钾肥要适量、分

图 3-5　盐分积累型肥害

次或分层施用。④不要将锌、铁等微量元素肥料与磷肥直接掺混，最好与腐熟有机肥和腐殖酸类肥料混合后施用。

6. 养分浓度过高型肥害

症状表现：植株脱水萎蔫，出现有烧苗、烧根、僵苗、叶片畸形、焦叶等现象，或者像被霜冻或开水烫过一样，轻则影响生长，严重时会造成逐渐萎蔫和枯死（图3-6）。

图 3-6　养分浓度过高型肥害

发生原因：一次性施用肥料总量超过所需量，如果土壤水分含量不足，极易造成土壤盐分浓度过高，使根系吸收养分功能受阻，或出现水分倒流现象，导致根部脱水而出现肥害。

预防措施：①施肥部位要合理，严忌把高浓度化肥或大量肥料直接施用于主根部位，防止土壤肥液浓度过高而烧根。②严禁直接向叶片喷施高浓度叶面肥，应适当稀释后再用，否则会造成叶片失水，出现焦边叶。

7. 有毒有害物质型肥害

症状表现：易导致烧苗、烧根；或伤害种子和幼苗，施用后容易引起作物根系中毒或腐烂，影响植株正常健康生长（图3–7）。

图 3-7　有毒有害物质型肥害

发生原因：肥料中的缩二脲、游离酸、三氯乙醛（酸）和重金属元素含量控制不当，施入土中后，造成这些有害物质在植株体内积累而引起肥害。

预防措施：①不使用有毒有害物质超出标准要求的不合格肥料或假肥料。②使用肥料时切忌盲目加大浓度或用量。③施肥后要及时浇水，保持土壤潮湿，降低溶液浓度。

四、气象灾害所致生长异常

1.冷害

症状表现：种子发芽和出苗延迟；植株生长缓慢；叶尖、叶缘出现水浸状斑块，叶组织变成褐色或深褐色，后呈现青枯状；根尖变黄或出现沤根、烂根现象；出现畸形果，叶片小而厚，化瓜严重（图4-1）。

图 4-1　冷害

发生原因：受到0 ℃以下的低温为害，通常秋末冬初或早春气温突然变化时最容易导致冷害的发生。

预防措施：①选用耐低温品种。②瓜类育苗期间加厚覆盖物，铺设电热线等，提高夜间温度。③塑料小棚早春栽培，揭膜要在冷尾暖头进行。④多施用磷酸二氢钾，预防徒长和植物嫩弱芽叶发生冷害。⑤受冷害后，可增施微生物菌肥补救。

2. 冻害

症状表现：叶片看上去像被烫伤一样，细胞失去活力，叶片颜色变褐，严重者干枯死亡；根茎受冻后，表皮先变色干枯，皮层龟裂，根系受冻后，皮层与木质部分离（图4-2）。

发生原因：以受到0 ℃以下的低温为害为主；通风炼苗时，没有及时关风口，或棚膜比较薄，保温效果差，或育苗棚没有采取保温措施。

图 4-2　冻害

预防措施：①选用耐寒性强的品种。②采用塑料薄膜覆盖和冻前或冻后灌水等方法，浇一次小水，稍带点速效肥料，促进恢复生长。③抓紧剪枝，避免冻伤部位感染病害，瓜蔓全冻坏的要在根茎上部保留2～3片叶进行剪蔓。受冻轻的，可只剪受冻部分，保留正常部分。同时，叶面喷洒百菌清等杀菌剂，预防伤口感染病害。④控制温度，白天温度不宜超过25 ℃，以防二次伤害，让其逐渐恢复生长。⑤对受害较轻的植株，可叶面喷施碧护7 500倍液或益施帮600倍液，以提高植株的抗逆性，促进生长。

3. 霜害

症状表现：茎叶遭受轻霜或低温为害，可使叶片虚肿或出现因生长点死亡而使植株停止生长的现象（图4-3）。

图 4-3　霜害

发生原因：植株体表温度降至0 ℃以下，空气中的水汽不形成水滴，而是直接结冰所带来的损害，多发生于露地栽培或冬季棚室栽培。

预防措施：①在预测有霜之夜，午夜后适时向植物叶片（或塑料小棚）上面喷水，使之保持湿润。②土壤湿润，一般不会结霜，有霜的前1天灌水可防霜害。③覆盖塑料薄膜或稻草。

4. 涝害

症状表现：涝害导致土中缺氧，根系衰亡，植株长势衰弱，甚至发黄、霉烂，造成落花落果，并诱发多种病害，使叶片提前衰老，造成植株早衰（图4-4）。

图4-4 涝害

发生原因：地下水位上升或水涝后排水不良，或连续阴雨使土壤水分持续处于饱和状态；降水时间过长、过于集中是形成涝害的主要原因。

预防措施：①建立排涝泵站，排除积水。②因地制宜，合理布局，在棚室周围修建排水沟。③深沟高畦、狭畦短畦种植，以利于排水。④保持土地平整，尽可能使用滴灌。

5. 旱害

症状表现：受到旱害后，植株细胞失去紧张度，叶片和幼茎下垂，植株萎蔫（图4-5）。可分为暂时萎蔫和永久萎蔫，前者蒸腾强烈，叶片与嫩茎中午萎蔫，夜晚恢复，后者根毛死亡，夜晚也不会恢复，通常幼叶从老叶夺取水分，促使老叶

图4-5 旱害

枯萎死亡；地上部分从根系夺取水分，造成根毛死亡；幼叶从花蕾或果实中吸水，造成空壳秕粒和落花落果等现象。

发生原因：选址不当，当地缺乏水源；虽有水源，但水质不良；水量较足，沟、渠、排灌设施却不配套，有水难引；以及由于土壤温度过低、土壤溶液离子浓度过高（如盐碱土或施肥过多）、土壤缺氧（如土壤板结、积水过多等）或土壤存在毒性物质等因素引起的生理干旱。

预防措施：①针对西瓜、甜瓜的需水特性，采用喷灌、浇灌、沟灌等灌溉方式适时灌水。②采用地膜覆盖保墒。③采用“蹲苗”法提高瓜苗抗旱性，即在苗期给予适度的缺水处理抑制地上部生长，锻炼其适应干旱的能力。④合理施用磷、钾肥，适当控制氮肥，提高植物的抗旱性。⑤施用生长延缓剂和抗蒸腾剂，提高抗旱性。

6. 风害

症状表现：风害使植株发生机械损伤和生理损伤，也可能使叶片出现类似缺钾的焦枯症状（图4–6）。

图4-6　风害

发生原因：塑料大棚去除薄膜或地膜，小拱棚去除地膜后遇到刮大风的天气，气温随之降低，植株因不能适应这种恶劣气候而受害。

预防措施：①加固棚架，培土护根，防止倒伏。②对于干热风为害，可喷水降温增湿。③不宜过早地去除薄膜或地膜，春季要逐渐揭开薄膜，使植株逐渐适应外界环境，提高抗风、抗寒能力。④大棚栽培，揭膜时可将薄膜放在大棚一侧的地面上，且不去掉压膜线，一旦遇到大风天气，就要重新覆盖好大棚。

7. 冰雹灾害

症状表现：棚膜或设施受到损毁，瓜苗枝蔓、叶片、花朵、幼瓜脱落，甚至直接打断瓜秧，果实被砸碎，造成大量减产（图4-7）。

图 4-7 冰雹灾害

发生原因：设施棚体不牢固；对冰雹的预判能力不强；采取补救措施不及时，缺乏有效的应对措施。

预防措施：①大棚栽种时事先在棚室上架设防雹网，从根本上预防冰雹。②灾后及时摘掉残枝败叶，将植株扶正，抖掉枝叶间泥土、杂物，及时处理断枝伤口，进行适当的修剪。③受灾后可用宇花灵1号+0.15千克尿素兑水200千克淋施，加快茎叶及根系生长。④受灾的植株主蔓超过1.2米，将主蔓掐头，在新发的侧蔓中选留靠近根部的粗壮蔓1个，摘除其余蔓枝；发生严重时，选留8～10片叶剪头，促发新侧蔓，剪除多余侧枝及老蔓，利用新枝进行结瓜。⑤遭受灾害的作物抗病虫能力会降低，容易发生病害和虫害，可选用多菌灵、甲基托布津、大生、百菌清等在植株上喷施1～2次药剂进行保护。⑥及时追肥，给植株补充营养，使其能尽快恢复生长。

8. 雪灾

症状表现：主要危害是导致棚体坍塌，造成死苗、烂苗，植株发生冻害（图4-8）。

图 4-8 雪灾

发生原因：积雪的质量或棚面上冰冻雪块的质量超过棚体负载，棚内支撑强度不够，棚顶积雪不能及时清除，导致棚体被压塌；棚内植株受冻，茎蔓易折断。

预防措施：①关注天气预报，大雪来临前，闭合棚室风口，在棚内生火加温，使棚体上的积雪自动滑落。②及时扫除棚顶积雪，尽量将积雪厚度控制在1厘米以内，抓紧时间修复加固大棚骨架及棚膜，检查大棚四周底膜，要求用泥土压严，膜布漏洞要用胶布补好，以减少底部冷空气侵袭。③对于冻死的秧苗，要及时抢晴天补播，并采取积极的保温措施，尽量缩短苗龄，以便提早移栽。④采取临时增温措施，可在大棚内加扣小拱棚，用细竹竿或玻璃纤维杆做拱架，夜间覆盖塑料薄膜等，有条件的可采取打开白炽灯、开通电热丝等措施，以进一步提高棚温，避免出现死苗现象。⑤及时疏通沟渠，尽快排除积水，趁晴天进行中耕松土，以促进根系生长。⑥抢晴天喷施0.3%的尿素溶液或0.2%的磷酸二氢钾溶液，以补充营养，促使植株尽快恢复生长。⑦雪后突然放晴，要避免太阳直接猛烈的照射，可把草帘回放一下，防止空气过于干燥，使植株失水过快，水分被蒸干而造成死亡。

9. 热害

症状表现：叶片出现明显的水渍状烫伤斑点，随后变褐、坏死，叶绿素破坏严重，叶色变为褐黄；果面灼伤，有时甚至整个果实坏死；出现雄性不育、花序或子房脱落等异常现象（图4-9）。

图4-9 热害

发生原因：多发生在保护地早春栽培的生长中后期，高温低湿是发病的主要原因；连续阴雨季节过后天气转晴，气温回升快，光照强，植株中上部叶片，特别是日光棚顶膜附近的叶片容易受害；在秋延后保护地栽培中，由于光照强烈，加上浇水不当，也易造成高温障碍。

预防措施：①合理安排生产，选取适宜的品种和播期，尽可能避开高温敏感期。②科学灌水，抗御热害；在高温出现时喷水喷灌1次，田间气温可降低2～5 ℃，有效时间为2小时左右。③与高秆作物间作套种，利用其遮阴，降低矮秆作物体温，减轻热害。④高温出现前喷洒50毫克/升的维生素C或3%过磷酸钙溶液，有减轻高温伤害的效果。⑤棚室栽培，可喷施遮阳剂，避免高温伤害。⑥夏秋季塑料大棚上加盖黑塑料纱网，两边撩起通风，可以使棚内温度降低2～5 ℃，或利用银色膜覆盖土面，反射阳光，降低地温，缓解高温热害。

10. 雾霾灾害

症状表现：雾霾导致光照不足，植株矮小，叶片变黄、变薄，过早衰弱，落花落果严重；棚室内湿度变大，加重细菌性等病害的发生（图4-10）。

图 4-10　雾霾灾害

发生原因：大雾天气造成光照减弱，温度降低，光合作用减少，根系发育迟缓，吸收功能降低；蒸腾能力降低，通过溶于水而带到叶面的氮、磷、钾、钙、镁等营养元素缺乏。

预防措施：①增加保温补光设施，可在棚室内安装补光灯和反光板，或在行间铺设银色地膜，通过补光促进生长。②安装应急加温设施，安装清洁能源加温设施，在灾害发生时及时人工增温，减轻为害。③尽量利用阴天的散射光，即只要揭开草苫后温度不下降，就要揭苫；即使外界温度较低，揭开草苫后温度有所下降，也要在中午前后揭开草苫，让植株见0.5～1小时的散射光，以保证植株每天见光。

④连阴天后突然放晴时，要注意采取间隔、交替揭苫，在中午强光时段可将保温被或草苫放下1/2～2/3遮阴；若发现叶片萎蔫应立即回盖草苫，喷1%葡萄糖营养液，待植株恢复后再逐步揭苫，防止闪苗。

五、药害所致生长异常

1. 有机磷类药害

症状表现：辛硫磷药害表现为叶片变厚，失绿，茎蔓直立，生长十分缓慢，茎叶硬脆，极易折断（图5-1）；敌敌畏药害症状为叶肉先变成紫色，后变成鲜红色或浅黄色，叶脉先保持绿色，后变成黄色；敌百虫药害症状为未出土幼芽异常变粗、变短，生长极慢或者停滞，严重时难以出苗，较轻时出土瓜苗生长缓慢；毒死蜱药害症状为叶片变厚，浓绿，上部嫩叶向上卷曲成勺子状，生长十分缓慢（图5-2）。

图 5-1　辛硫磷药害

图 5-2　毒死蜱药害

发生原因：瓜苗接触有机磷农药；使用浓度越高受害越重。

预防措施：①该类农药遇碱易分解，不能和碱性农药混合使用。②有机磷类药剂一般温度高时，毒性更大些，尽量避免高温使用。③有些药剂对光很敏感，如辛硫磷见光易分解，田间喷雾时间应选择傍晚或夜间，闷过有机磷类药的种子也要避光晾干、避光保存。④注意用药安全间隔期。⑤灌根或做毒饵时，尽量不要接触地上部植株。

2. 菊酯类药害

症状表现：氰戊菊酯药害症状为西瓜苗新生嫩叶边缘呈黄色，形成金边叶或黄色斑块，生长速度慢。施药浓度越高，药害越重（图5–3）；溴氰菊酯药害症状为叶色浓绿，叶片变厚，叶缘上卷，生长点生长停滞，不出现新叶和蔓节。

图 5–3　氰戊菊酯药害

发生原因：菊酯类乳油制剂农药产品中所含的二甲苯、乙醇等溶剂容易对瓜苗产生药害；高温期施药出现药害的可能性比低温期施药要大。

预防措施：①在瓜类上使用微乳剂、可溶性粉剂等剂型，尽量不要使用乳油制剂。②过量使用后，立即用清水多次喷洒冲洗，适量多次浇水，以减少药害。③发生药害时，可及时喷洒0.5%～1%的石灰水、洗衣粉液、肥皂水、洗洁精水等，或喷洒碳酸氢铵碱性化肥溶液解毒。④菊酯类农药频繁使用会使害虫产生抗药性，应同其他农药交替使用，以延缓抗药性产生，一个生长季一般使用1～2次。

3. 含唑类药害

症状表现：含唑类农药使用浓度偏高时，会出现顶部叶片变小、变厚、皱缩，节间变短，抑制正常生长，使植株生长缓慢（图5–4）。

图 5–4　含唑类药害

发生原因：施药时间不当，苗期大量使用；多种药物混用，习惯性加大使用浓度；使用时温度较高，湿度过大。

预防措施：①苗期尽量不要使用，可在幼嫩的果实、幼嫩的花、幼嫩的叶片及幼嫩的芽和快速生长的部位酌情使用。②在使用的过程中，安全应用倍数最好为1 000～1 500倍。③要注意有效的安全间隔期，一般为1周以上。④施药最好在早晚气温低、无风的时候进行，晴天空气相对湿度不要低于65%，气温不要超过28 ℃，风速不要大于5米/秒。⑤可喷施75%赤霉素30 000倍+尿素500倍或碧护3克+尿素500倍，快速促进生长。

4. 激素药害

症状表现：座果灵如氯吡脲漂移到茎叶上使幼嫩叶片纵向扭曲畸形，脆叶（图5-5）；过量使用矮壮素等激素造成叶子出现卷叶和深绿色；或生长点的叶子卷曲、收缩，植株矮化、生长缓慢（图5-6）。

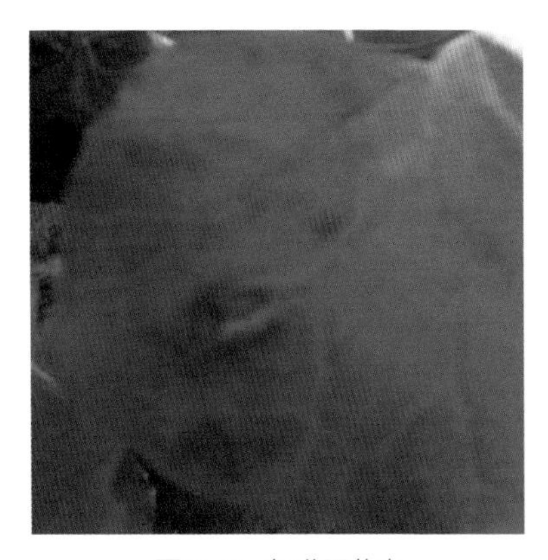

图 5-5　氯吡脲药害

图 5-6　矮壮素药害

发生原因：使用激素化学品浓度过高，漂移到植株或叶片上；过度使用生长控制剂，经常导致中毒；当光合作用由于不利天气如低温和阴天而减弱时，植株毒性症状变得更加突出。

预防措施：①要严格按照标签标明的使用剂量、使用时期和使用方法规范使用，不可滥用，高温季节采用浓度低限，低温季节采用浓度高限。②为防止药液滴到嫩枝、叶上，应尽量采用涂抹法，或喷施药液时加上防护罩。③药液中加红色药剂或墨水，便于做标记，避免重复处理产生药害。④使用前应先进行小范围试验，确认不会产生药害后再大面积使用。⑤发生药害时，及时喷清水淋洗2～3次，将植物表面的药物冲刷掉；及时松土，提高土壤通透性，促进根系吸收，缓解药害；结合灌水，适当施一些速效肥料，或喷施0.1%～0.3% 的磷酸二氢钾或0.3%尿素促进恢复生长。⑥对于抑制和干扰作物生长的调节剂药害，可喷洒赤霉素或1.8%复硝酚钠水剂缓解药害。

5. 含硫类药害

症状表现：石硫合剂、硫黄粉、硫黄悬浮剂等无机硫会导致叶片稍向背面卷曲，叶背出现水渍状、多角形斑，叶片出现黄褐色枯死斑，叶缘萎蔫，新生叶片烧尖、烧边且有黄褐色枯斑，叶柄受害干枯后，则全叶死亡，造成落花落果（图5–7）；有机硫类如福美双和代森类等浓度稍高会引起叶片枯斑、灼伤、果锈等症状（图5–8）。

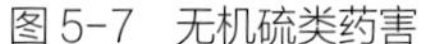

图 5-7　无机硫类药害

图 5-8　有机硫类药害

发生原因：使用浓度过高或中午高温时用药、重复用药；使用含有硫黄成分或容易分解成硫黄成分的药剂硫悬浮剂或石硫合剂；与酸性农药或铜制剂农药混合使用。

预防措施：①冬季气温低，使用浓度可高些，夏季气温高，可适当降低使用浓度。②田间硫黄熏蒸消毒，室温30 ℃或硫黄浓度过高时易发生药害，熏蒸消毒一定要进行大放风，散尽残余硫黄和二氧化硫气体，几天后再定植，以免发生药害。③不可与有机磷农药及其他忌碱农药混用，以免酸碱中和，降低药效，也不可把石硫合剂与其他铜制剂农药混用。④如出现植株因硫黄熏蒸产生药害，植株尚未完全枯死时，应彻底摘除受害致死的叶片，进行追肥、浇水，促使其尽快恢复正常生长。⑤待受害植株缓过来恢复正常生长后，适时喷施壳聚糖、芸薹素、黄腐酸、红糖等一些促进生长发育作用的植物生长调节剂，加速生长发育，解除其药害。

6. 取代苯类药害

症状表现：百菌清为害的症状为植株近顶端的上位叶叶脉间产生明显的失绿；位于上部高温下的叶片，在使用百菌清过量时，容易产生药害；五氯硝基苯使用时与幼芽或瓜类叶片接触会有灼伤症状的药害；多菌灵使用过量使叶面产生乳白色不规则斑点（图5-9）。

图 5-9　取代苯类药害

发生原因：使用百菌清烟剂时，燃放点过于集中，使燃放点附近烟雾浓度过高，或烟剂用量过大；使用五氯硝基苯进行种子或土壤处理时，使用量过大，残留的药剂与幼芽接触时易产生药害；多菌灵开始喷药或结束喷药时，喷出雾化不好的较大药滴。

预防措施：①使用百菌清烟剂时选择适宜的剂型和燃放点数量，一般有效成分含量可适当集中燃放，每亩设3～5个燃放点即可，有效成分含量低应分散燃放，每亩可设5～7个燃放点；阴雨天及低温期是烟雾剂施用的较佳时期，一般适宜烟雾施用的时间为傍晚；把烟雾剂均匀排放于温室或大棚的中央，距离瓜苗至少30厘米，密闭棚室过夜后及时通风。②五氯硝基苯在苗床施药后适当多喷（浇）水，防止产生药害，施用时尽量不要与瓜类幼芽接触。③使用多菌灵时，尽量均匀喷雾，避免较大药滴滴到叶片上。④喷施壳聚糖、芸薹素、红糖可以解除该类药害。

7. 有机杂环类药害

症状表现：有机杂环类药如菌核净使用浓度过高会导致花叶、焦叶甚至落叶、落花和化瓜，严重影响产量和品质（图5-10）。

图5-10 有机杂环类药害

发生原因：喷药时使用浓度过高，特别是苗期用药量过大；使用熏蒸剂时，用药时间过长。

预防措施：①尽量改喷雾为熏蒸，在棚室中都可应用，一般不会造成药害。②熏蒸时每亩地用菌核净200克，待晚上关棚后，先点燃木柴或玉米芯，等冒过烟后，把余火移进棚内，上面撒上菌核净可湿性粉剂，即可发烟熏棚治病，熏时须从远处开始，慢慢退出棚外。③熏烟的时间不能太长，宜从半夜熏起，6～8小时即可。④菌核净药害，应喷用爱多收6 000倍液混加核苷酸400倍液2～3次，可缓解药害，促进恢复。

8. 重金属药害

症状表现：叶片褪绿、幼芽和叶缘叶尖青枯、叶斑及类似病毒病的花叶症状等，果实上形成小黑点锈斑（图5-11）。

发生原因：农药的不合理使用，如错用农药，农药混用不当，剂量过大，施用不均匀，间隔时间短；药剂变质，杂质过多，添加剂、助剂的用量不准，影响了乳化性能或喷雾质量，甚至理化性状改变也是造成药害的一个原因。

预防措施：①合理使用农药，严禁随意加大用量。②使用时均匀喷雾，提高雾化效果。③避开植株的敏感期用药。④采用果实套袋，避免为害果实。

图 5-11　重金属药害

9. 除草剂药害

症状表现：①取代脲类（如异丙隆、绿麦隆）为害轻度表现为生长受抑制，真叶中部叶肉组织坏死，呈淡褐色斑状块连片，叶脉与叶缘仍呈淡绿色；中度表现为真叶由内向外枯黄；严重表现为叶片枯黄，整株枯死。②磺酰脲类（如甲磺隆、绿磺隆）为害轻度表现为生长受明显抑制，植株矮小，叶片褪绿黄化；中度表现为生长受严重抑制，基本停止生长，叶片除叶脉保持绿色，其他组织褪绿黄化明显；严重表现为植株失水萎蔫枯死（图5-12）。③苯胺类除草剂（如施田补、氟乐灵）轻度表现为生长较正常稍缓，第三片真叶叶色较正常植株加深，叶脉生长受影响，引起明显皱缩；中度表现为生长受抑制，植株较正常偏小，特别是生长点不能展开；严重表现为生长受严重抑制，叶色较正常加深，2片真叶小而呈勺状皱缩，生长点难伸展呈花椰菜状，部分严重受害植株失水萎蔫枯萎。④有机杂环类除草剂（如二氯喹啉酸）为害表现为较长时间停止生长，生长点小，难以展开，植株保持在2片真叶，叶色较正常偏深。⑤酰胺类除草剂（如都尔、丁草胺）为害表现为生长较正常稍缓慢，严重时植株上部叶片皱缩较明显，都尔症状较丁草胺明显（图5-13）。⑥有机磷类除草剂（如草甘膦）为害表现为叶片枯焦，茎蔓由上而下出现褐色条状中毒斑，随后整个植株萎蔫失水枯死（图5-14）。⑦苯氧羧酸类除草剂（如二甲四氯）为害表现为整个植株萎蔫失水瘫倒，之后植株枯死。症状为2片子叶呈水渍状枯黄，真叶呈失水状萎蔫枯死（图5-15）。

图 5-12　磺酰脲类除草剂药害

图 5-13　酰胺类除草剂药害

图 5-14　有机磷类除草剂药害

图 5-15　苯氧羧酸类除草剂药害

发生原因：除草剂用药量过高、用药时间不适宜、使用方法不得当、添加了不正确的助剂或混用不合适的药剂；喷雾器具未及时清洗及喷施假冒伪劣产品；施药时温度过低、过高会加重土壤处理剂药害的发生；土壤有机质含量低、沙性土质、药后降雨、积水易造成某些土壤处理药剂如异丙甲草胺的药害；前茬使用除草剂过量，在土壤中残留量过大；风力强会加重除草剂的漂移药害；棚室内药液回流造成药害。

预防措施：①当喷施除草剂过量或敏感叶片遭药害时，可用干净的喷雾器装入清水喷雾，减少除草剂的残留量，对于一些遇碱性物质易分散失效的除草剂药害，可用0.2%的生石灰或0.2%碳酸钠清水稀释液喷洗植株。②发生药害连片的田块，除进行叶面喷水清洗外，还应足量灌水，促使根系大量吸水，降低作物体内浓度，起到良好的缓解作用。③结合浇水追施化肥，除对土壤追施硝铵、硫铵外，还应叶面喷洒1%尿素或0.3%硫酸二氢钾溶液，促进作物生长，提高抗药害能力。④药害较轻时，可喷洒赤霉素加白糖溶液恢复植株生长，药害严重时，可喷施赤霉素+吲哚乙酸+芸薹素内酯，稀释500～600倍进行喷雾，连喷2～3次可有效缓解。

六、病虫害所致生长异常

1. 猝倒病

症状表现：种子萌发期受侵染，在幼苗未出土时，种芽或胚芽、子叶即表现为腐烂、烂种；幼苗被侵染后，近土面的胚茎基部开始有黄色至黄褐色水渍状病斑，干枯收缩成线状，子叶尚未凋萎，幼苗猝倒死亡；此时用手轻轻一拔即断，有时带病幼苗与健苗并无差异，但贴伏地面不能直立；在苗床上发病，开始出现个别病苗，几天后幼苗便会大面积猝倒，湿度大时，病部及地表会出现一层白色絮状菌丝体（图6-1）。

图6-1　猝倒病

发生原因：病菌以卵孢子在土壤或以菌丝在病残体上越冬，腐生性很强，并在土壤中长期存活。第二年遇适宜条件萌发产生孢子囊，以游动孢子或直接生长出芽管侵入寄主；苗圃土层或育苗浅、棚内湿度大、浇水不当、播种过密、温度不适、幼苗生长瘦弱及低温高湿、土壤中含有机质多、施用未腐熟的粪肥等均易诱发该病害；当幼苗子叶养分基本用完，新根尚未扎实之前是感病期，遇有雨、雪连阴天气或寒流侵袭，则发病较重。

预防措施：①选无病土作营养土；营养土中的有机肥要充分腐熟，营养土在使用前，至少要晒3周。②营养钵浇水要一次浇透，待水充分渗下后才能播种。③出苗后，严格控制温度、湿度及光照；可结合炼苗，揭膜、通风、排湿。④用40%五氯硝基苯200克加细土100千克制成药土，播种后覆盖1厘米厚进行土壤消毒。⑤苗后发病时，可喷64%杀毒矾可湿性粉剂500倍液，或喷25%瑞毒霉可湿性粉剂800倍液，也可用亮盾（25克/升咯菌腈+37.5克/升精甲霜灵）悬浮种衣剂500～600倍灌根1～2次，或用卉友（50%咯菌腈）2 000倍灌根，250毫升/株。

2. 立枯病

症状表现：播种后到出苗前受病菌为害，可引起烂种和烂芽；幼苗出土后，主要为害幼苗茎基部或地下根部，初在茎部出现椭圆形暗褐色病斑，早期病苗白天萎蔫，早晚恢复，后逐渐向里凹陷，边缘较明显，扩展后绕茎一周，病苗很快萎蔫、枯死，但病株不易倒伏呈枯状。有时在病部及茎基周围地面可见白色丝状物（图6-2）。

图6-2　立枯病

发生原因：病原以菌丝体或菌核在土壤中越冬，病菌通过水流、农事操作及植株之间的接触等途径传播、蔓延。多年连作的瓜田，或再施入未腐熟的厩肥，土壤中病菌积累多，瓜苗发病率高，病害重。播种期过早或过深，均会使出苗延迟，病菌易于侵染，地势低洼、排水不良、土壤黏重、通气性差、长势弱、密度过大、苗床闷湿等均利于发病；覆盖地膜者，湿度过大、连日阴雨并有寒流情况下时病害加重。

预防措施：①严格选用无病菌新土配营养土育苗。②与禾本科作物轮作可减轻发病。③瓜田秋季深翻25～30厘米，将表土病菌和病残体翻入土壤深层使其腐烂分解。④出苗后及时剔除病苗。雨后应中耕破除板结，以提高地温，使土质疏松通气，增强瓜苗抗病力。⑤一般以5厘米地温稳定在12～15 ℃时开始播种为宜。⑥苗床土壤处理可用40%五氯硝基苯和50%福美双1：1混合，或用40%拌种双，每平方米用药8克，与细土混匀施入苗床。⑦发病初期，可喷洒64%噁霜锰锌（杀毒矾）可湿性粉剂500 倍液，或58%甲霜灵锰锌可湿性粉剂500倍液，或20%甲基立枯磷乳油1 200倍液， 或72.2%霜霉威盐酸盐（普力克）水剂800倍液，隔7～10天喷1次。

3. 枯萎病

症状表现：幼芽受害，在土壤中即可腐败死亡，不能出苗。出苗后发病，初期叶片白天枯萎，晚上即能修复，几天后，叶片早晚都出现萎蔫状，茎蔓基部萎缩变褐猝倒；病蔓发病，基部变褐，茎皮纵裂，常伴有树脂溢出，干后呈红黑色。横切病蔓，维管束变黄褐色并呈现胶汁粉红色霉状物；后期病株皮层剥离，木质部碎裂，根部腐烂仅见黄褐色纤维。天气潮湿时，病部常见到红色霉状物（图6–3）。

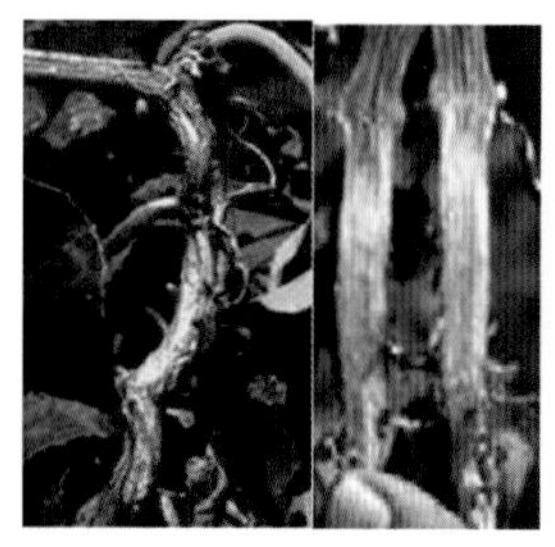

图6–3　枯萎病

发生原因：病菌在土壤中和未腐熟的带菌肥料中越冬，在土壤中可存活6～10 年；通过种子、肥料、土壤、浇水传播，以堆肥、沤肥传播为主要途径；病菌生长温度为5～35 ℃，土温24～30 ℃为病菌萌发和生长适宜温度；一般连茬种植，地下害虫多，管理粗放，或土壤黏重、潮湿等病害发生严重；病菌从根顶端附近的细胞间隙侵入，边增殖边到达中心柱产生毒素，堵塞导管，破坏根组织，阻碍水分通过。连续降雨后，天气晴朗，气温迅速上升时，发病迅速。

预防措施：①选用南瓜为砧木进行嫁接换根，苗栽植时，不使嫁接口部位与土壤接触，就可有效地防止西瓜枯萎病的发生。②枯萎病菌在土壤中可存活10年，可进行水旱轮作预防该病的发生。③将种子用漂白粉2%～4%溶液浸泡30分钟后捞出并清洗干净，杀死种子表面的病菌。④育苗用的营养土应选用稻田土或墙土，禁用瓜田或菜园土，农家肥要充分腐熟，不用带有病株残体的农家肥。⑤在7～8月灌水，进行高温闷棚25天以上，使棚内地温长时间维持40 ℃以上。⑥播种或栽植前，用25%苯莱特粉剂与细干土1∶100份配成药土施入沟内或穴内，或用50%代森铵400倍液或70%敌克松1 000倍液进行消毒，在重茬严重的地块，结合整地，每亩可施入熟石灰80～100千克。⑦发病初期可用64%噁霉灵1 000倍，或用1%申嗪霉素1 500倍液加70%敌克松800倍液灌根，每株250毫升；也可用70%敌克松可湿性粉剂与面粉按1∶20配成糊状，涂于病株茎基部。

4. 根腐病

症状表现：可分为腐霉根腐病和疫霉根腐病。腐霉根腐病病原菌侵染根及茎部，初呈现水浸状，茎缢缩不明显，病部腐烂处的维管束变褐，不向上发展，后期病部往往变糟，留下丝状维管束，严重的则多数不能恢复而枯死（图6–4）。疫霉根腐病发病初期于茎基或根部产生褐色斑，严重时病斑绕茎基部或根部一周，纵剖茎基或根部维管束不变色，不长新根，致地上部逐渐枯萎而死。该类型病害均表现为地上部初期症状不明显，后叶片中午萎蔫，早晚尚能恢复（图6–5）。

图 6-4　腐霉根腐病

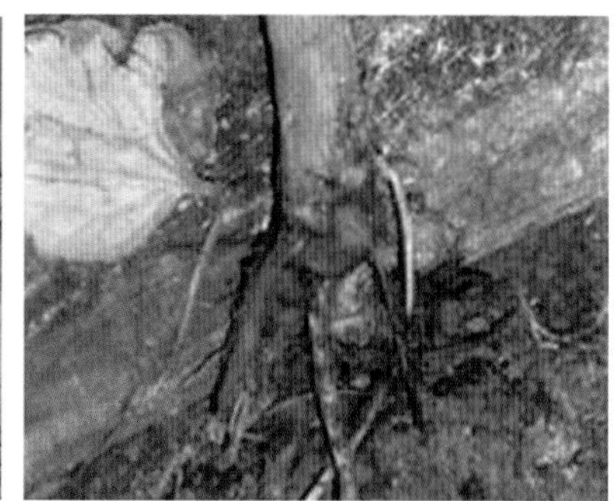

图 6-5　疫霉根腐病

发生原因：病原以菌丝体或厚垣孢子在土壤中及病残体上越冬。在温度 20 ℃以上，相对湿度 85% 以上时，孢子萌发、菌丝生长速度加快，病害发展快、为害重；排水沟浅，地势低，地下水位高，土壤含水量大的田块发病重。伸蔓期间，遇到低温天气，潮湿的田块发病速度、发病率明显高于干燥的田块；覆盖地膜地块，土壤通气性差加重病害的发生；发病后如遇高温天气，将加速植株萎蔫，甚至死亡。

预防措施：①采用高畦栽培，地势高的田块，可有效防止因水分过多、过量而导致根部腐烂。②与水稻进行水旱轮作，每2～3年一次。③及时清除田间病株和病体，烧毁或妥善处理，减少病原菌的积累。④在炎热的夏季，整地做畦，用黑色地膜覆盖，边缘压实，利用阳光和高温消毒土壤。⑤田间发现中心病株要及时拔除，并对病穴撒生石灰进行消毒。⑥移栽前，每亩用99%噁霉灵可溶性粉剂50克兑水30

千克，均匀喷于地表，深耙混匀于耕层内进行土壤消毒；在幼苗真叶展开时，用 2.5% 精甲·咯菌腈悬浮种衣剂1 600倍液+20% 噻菌铜悬浮液500倍液或25%咪鲜胺水乳剂1 000 倍液，或50克黄腐酸盐+150克高锰酸钾+50克代森锰锌+60千克水灌根2～3 次；植株生长中后期，用25%咪鲜胺水乳剂1 500倍液、10%苯醚甲环唑水分散粒剂1 000倍液、75% 肟菌·戊唑醇（拿敌稳）水分散粒剂+20%噻菌铜悬浮液500倍液喷雾，一般间隔7～10天喷1次，交替用药，连续 2～3 次。

5. 蔓枯病

症状表现：一般为害主蔓和侧蔓，有时也为害叶柄、叶片。叶片受害初期在叶缘出现黄褐色“V”形病斑，具不明显轮纹，后整个叶片枯死。叶柄受害初期出现黄褐色椭圆形至条形病斑，密生小黑点，常流胶，后病部逐渐萎缩，病部以上枝叶枯死，果实出现油渍状小斑点，后变为暗褐色，中央部位呈褐色枯死状，内部木栓化，病斑上形成小黑粒（图6-6）。

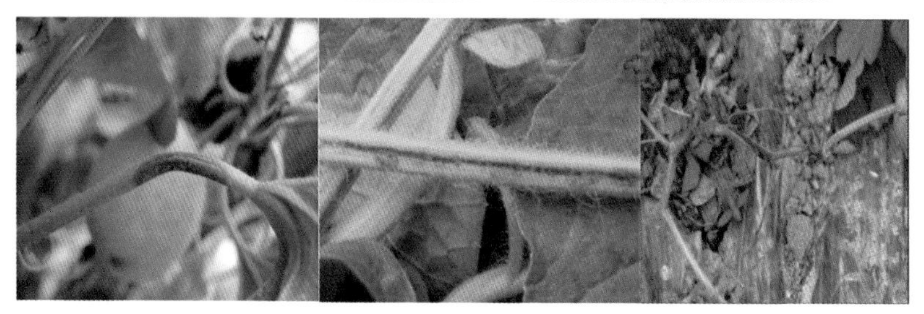

图 6-6 蔓枯病

发生原因：病原菌在病残体、土壤棚室架材上越冬，也可附着在种子表面越冬，通过浇水、雨水、气流或农事活动传播。氮肥施用量过多，造成细胞膨大，细胞壁薄，植株柔软，抗逆、抗病能力降低，易受机械损伤和病菌侵袭；保护地栽培，空气湿度过大、光照弱等条件下，易引起发病；农事操作如有的瓜在抽蔓期吊绳、绑蔓、去除砧木萌芽，去除卷须、侧枝等，有的需要在结果期绑蔓、落蔓、打卷须、打侧枝、去病叶老叶等造成伤口；连作或平畦种植，通风不良，保护地浇水后长时间闭棚，空气湿度过大造成发病。

预防措施：①高垄种植，合理密植，通风透光。②施足充分腐熟的有机肥，适当增施磷、钾肥，生长中后期注意适时追肥，避免脱肥。③及时清除枯枝落叶及植物残体。④应用全地面地膜覆盖，采用膜下滴灌技术或暗灌技术，避免大水漫灌，过量施肥。⑤在入口处设置石灰隔离带。⑥可用55 ℃温水浸种20分钟，或用50%福美双可湿性粉剂，以种子重量的0.3%拌种。⑦发病初期用75%百菌清600倍液，或70%甲基托布津800倍液+80%大生800倍液，或10%世高1 000倍液喷雾；病害严重时，可用25%阿米西达1 000倍液喷雾与病部涂抹相结合，防治效果更好；亦可用熏烟防治，每亩用45%百菌清烟剂80～100克，7～10天1次，连续熏烟2～3次。

6. 菌核病

症状表现：初时茎蔓上有水浸状斑点，后变为浅褐色至褐色，当病斑环绕茎蔓一周以后，受害部位以上茎蔓和叶片失水萎蔫，最后枯死。湿度大时，病部变软，表面长出白色絮状霉层，后期病部产生鼠粪状黑色菌核。果实发病多在脐部，受害部位初呈褐色、水浸状软腐，不断向果柄扩展，病部产生棉絮状菌丝体，果实腐烂，最后在病部产生菌核（图6–7）。

发生原因：病原菌核遗留在土中或混杂在种子中越冬或越夏；混在种子中的菌核，随播种带病种子进入田间传播蔓延；该病发生的适宜温度为15～20 ℃、相对湿度在85%以上，即低温、湿度大或多雨的早春或晚秋有利于该病发生和流行；连年种植瓜类、茄果类、十字花科作物的田块，发病重；地势低洼，土质黏重，排水不良，植株过

图 6-7　菌核病

密，通风透光不良，偏施氮肥等，可加重病害发生。

预防措施：①与水生作物轮作，夏季病田灌水浸泡半个月。②棚室上午以闷棚提温为主，下午及时放风排湿，发病后可适当提高夜温以减少结露。③早春日均温控制在29～31 ℃高温，相对湿度低于65%可减少发病。④防止浇水过量。土壤湿度大时，适当延长浇水间隔期。⑤种子在播前用10%盐水漂种2～3次，淘除菌核。⑥定植前用20%甲基立枯磷配成药土耙入土中，每亩用药0.5千克兑细土20千克拌匀；发病初期喷50%扑海因悬浮剂 800～1 000倍液，或50%速克灵可湿性粉剂1 000倍液，喷雾水量不能过多，视病情发展每隔7～10天轮换交替，连用2～3次；棚室可用25%烟剂速克灵或45%烟剂百菌清熏一夜，隔7～10天1次，连续或与其他方法交替防治2～3次。

7. 叶枯病

症状表现：主要为害叶片，幼苗叶片受害，病斑褐色；成株期先在叶背面叶缘或叶脉间出现明显的水浸状褐色斑点，湿度大时导致叶片失水青枯，天气晴朗气温高，易形成圆形至近圆形褐色斑，布满叶面，后融合为大斑，病部变薄，形成叶枯。茎蔓染病，产生梭形或椭圆形稍凹陷的褐色病斑。果实染病，在果实上生有四周稍隆起的圆形褐色凹陷斑，可深入果肉，引起果实腐烂。湿度大时病部长出灰黑色至黑色霉层（图6–8）。

图6-8　叶枯病

发生原因：病菌会在病残体、土壤中越冬，种子也可携带病菌。病菌可通过风、雨、土壤等传播。病菌对环境的适应能力特别强，一般的温度、湿度都会使其发病。高温高湿、阴雨连绵的环境下，病菌的传播速度更快；连作、氮肥施用比例过重或者土壤过于瘠薄也是导致该病发生的主要原因。

预防措施：①收获后清洁田园边堆放的病残体，及时清理田园，翻晒土地。②采用配方施肥，避免偏施过量氮肥。③用55 ℃温水浸种15分钟，再用75%百菌清可湿性粉剂或50%扑海因可湿性粉剂1 000倍液浸种2小时，冲净后催芽播种。④提倡采用避雨栽培法，露地西瓜雨后要特别注意开沟排水，防止湿气滞留，对减轻该病具有重要作用。⑤发病初期，喷50%速克灵可湿性粉剂1 500倍液，或75%百菌清可湿性粉剂800倍液，或70%代森锰锌可湿性粉剂600倍液，或50%扑海因可湿性粉剂1 000倍液，或80%新万生可湿性粉剂600倍液，或10%世高水分散粒剂3 000～6 000倍液等，每隔7天喷1次，连续2～3次。

8. 黑星病

症状表现：主要为害西瓜的叶片及果实，也为害幼苗及瓜蔓。幼苗期表现为茎部收缩，变黑褐色，引起猝倒。叶部受害，初为小的黄色水浸状圆形斑，以后扩大变黑，病部穿孔后呈星状开裂，叶片枯缩死亡。在叶柄和茎蔓上呈狭长的褐色凹陷病痕，病痕扩展可致茎蔓枯死。果实发病，病斑圆形，呈水浸状，褐色至黑褐色，凹陷。病斑上着生许多小黑点，呈环状排列。潮湿时，病斑上生出粉红色的黏状物。幼果受害后，发育不正常，多呈畸形或坐果变黑、皱缩、腐烂（图6–9）。

图6-9　黑星病

发生原因：病原主要以菌丝体随病残体在土壤中或者附着在架材上越冬，也可以分生孢子附着在种子表面或以菌丝在种皮内越冬。种植密度大、氮肥施用过多、土壤黏重、偏酸，多年重茬、田间病残体多、肥力不足、耕作粗放、杂草丛生，以及肥料未充分腐熟、有机肥带菌或肥料中混有禾本科作物病残体等均利于发病；湿度过大、阴雨天或清晨露水未干时整枝、地势低洼积水、排水不良、低温、高湿、多雨或长期连阴雨、日照不足、大水漫灌、低温高湿、夜间低温冷凉等易发病。

预防措施：①清除田间及四周杂草，集中烧毁或沤肥；深翻地灭茬，促使病残体分解，减少病原和害虫。②选用排灌方便的田块，开好排水沟，大雨过后及时清理沟渠，防止湿气滞留，降低田间湿度。③育苗移栽，苗床床底撒施薄薄一层药土，播种后用药土覆盖，移栽前喷施一次除虫灭菌剂。④采用测土配方施肥技术，适当增施磷钾肥，加强田间管理，培育壮苗，增强植株抗病力。⑤避免在阴雨天气整枝；及时防治害虫，减少植株伤口，减少病菌传播途径；发病时及时防治，清除病叶、病株并将其带出田外烧毁，病穴施药或撒生石灰。⑥严禁连续灌水和大水漫灌，浇水时防止水滴溅到叶面上。⑦发病初期用5%百菌清粉剂喷粉（1千克/亩），或70%甲基硫菌灵700倍液，或50%扑海因可湿性粉剂1 500倍液，或40%杜邦福星8 000倍液叶面喷雾；或采用45%百菌清烟雾剂夜间熏烟。注意药物交替使用能收到较好的效果。

9. 炭疽病

症状表现：幼苗发病时，子叶上先呈现褐色圆形病斑，而后幼茎基部变为黑褐色，且缢缩，甚至倒折。成株期发病时，叶片上出现淡黄色水渍状圆形斑点，后期变为褐色，边缘呈紫褐色，中间部分为淡褐色，并呈现同心轮纹状，病斑扩大相互融合后易引起叶片穿孔干枯。茎蔓上有梭形或长圆形凹陷病斑，后期开裂。未成熟的果实染病，初期呈现为淡绿色水渍状圆形小斑点；成熟的果实染病，初期为凸起病斑，后期扩大为褐色凹陷，并环状排列许多小黑点，潮湿时有暗红色黏液，龟裂（图6–10）。

图6–10　炭疽病

发生原因：病菌主要在病残株上或土壤中越冬；附在种子表皮黏膜上的菌丝体也能越冬；植株长势弱和重茬种植，发病严重；大棚湿度大、通风透光差及过多的施用氮肥发病都比较严重；地势低洼、排水不良、密度过大、通风不良等情况会引起和加重该病发生。高温高湿，即连续高温、气温剧降、连续阴雨最易发病。

预防措施：①实行茬口轮作，与非葫芦科作物（小麦、玉米等）轮作3～4年，逐步减少田块土壤含有的病菌量。②选择适宜的栽培密度，雨天要及时排水。③在施足有机肥的前提下，注重中期增施氮、磷、钾三元素复合肥。④浇水施肥时要小水、少肥、勤浇，注意通风降湿。⑤要及时除去田间杂草，一旦发现有发病的叶片应轻拿轻摘，深埋于远离瓜田的土壤中。⑥用55 ℃温水浸种消毒，或用40%甲醛100倍液浸种30分钟消毒；也可每50千克种子用10%咯菌腈种衣剂50毫升，先以0.25～0.5千克水稀释药液，进行包衣，晾晒后播种。⑦发病初期用70%甲基托布津800倍液，或80%炭疽福美800倍液，或10%世高（苯醚甲环唑）2 000倍液，或50%扑海因（异菌脲）1 200倍喷雾，隔5～7天再喷1次。保护地发病前期可用45%百菌清烟剂200～250克/亩，分放4～5个点进行烟熏。

10. 疫病

症状表现：主要为害茎、叶和果实，苗期和成株期均可染病，茎染病，多在蔓茎基部及嫩茎节部发生，发病初始产生暗绿色水渍状斑，扩大后病斑绕茎蔓一周，病部明显缢缩，变细软化，造成病部以上枝叶逐渐枯萎。叶片染病，发病初始在叶边缘和叶柄连接处产生水渍状斑，扩大后呈圆形或不规则形的暗绿色大斑，边缘不明显；潮湿时病斑发展迅速，病叶腐烂，干燥时病斑干枯易破裂。果实染病，病部出现暗绿色水浸状凹陷斑，后迅速扩至全果，使果实腐烂并发出腥臭味；在潮湿条件下，病部表面长出稀疏的灰白色霉层（图6–11）。

发生原因：病菌主要以卵孢子在土壤中的病株残余组织内或未腐熟的肥料中越冬，并可长期存活；病害可通过雨水、灌溉水和土壤传播，在温度为28～32 ℃，相对湿度为85%以上容易高发；地势低洼、排水不良、偏施氮肥及施用未腐熟的有机肥，都能引起该病发生，下

图6-11　疫病

雨及浸水后收获的果实，在贮运的过程中也极易发病。

预防措施：①实行3年以上轮作，控制浇水，及时拔除病株烧毁，雨季加强排水。②施用充分腐熟的农家肥，禁止施用含有瓜秧蔓、叶片、瓜皮的圈肥。③提倡配方施肥，不要偏施氮肥。④应用膜下滴灌技术或暗灌技术，科学灌水，控制灌水。⑤整枝打杈，摘除病叶，防止叶蔓生长过密、行间通风不良。⑥用55℃温水浸种20分钟；或将营养土灭菌，每立方米营养土加入50%多菌灵100克拌匀。⑦发病初期用64%杀毒矾500倍液，或72.2%普力克800倍液，或58%雷多米尔（瑞毒霉锰锌）500倍液，或50%烯酰吗啉+80%代森锰锌800倍液喷雾，隔7～10天再喷1次，也可用68%金雷600倍液灌根。

11. 白粉病

症状表现：主要为害叶片，发病初期叶面或叶背产生白色近圆形星状小粉点，以叶面居多，当环境条件适宜时，粉斑迅速扩大，连接成片，成为边缘不明显的大片白粉区，上面布满白色粉末状霉状物；病害逐渐由老叶向新叶蔓延，发病后期，白色霉层变为灰色，病叶枯黄、卷缩，一般不脱落。当环境条件不利于病菌繁殖或寄主衰老时，病斑上出现成堆的黄褐色小粒点，后变黑色（图6-12）。

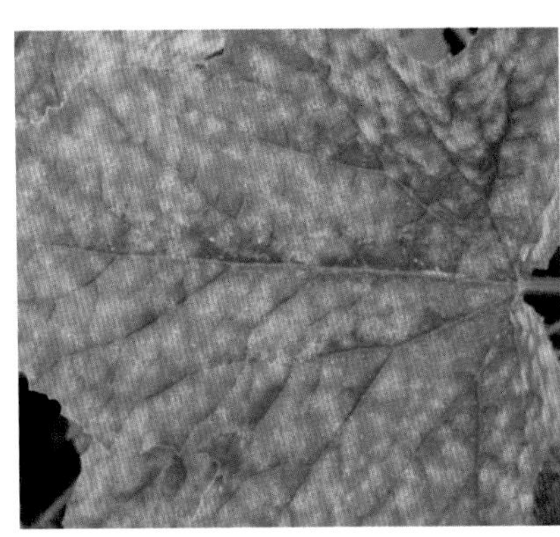

图6-12　白粉病

发生原因：病菌可在温室、塑料棚的瓜类作物或病残体上越冬，借气流或雨水传播蔓延。该病在10～25 ℃即可发生，湿度大、温度较高，利于其侵入和扩展，尤其是高温干旱与高温高湿条件交替出现，更有利于该病流行。种植密度大，株、行间郁闭，通风透光不好，发病重；土壤黏重、偏酸，多年重茬，田间病残体多，氮肥施用过多，植株过嫩，肥力不足，耕作粗放，杂草丛生的田块，植株抗性降低，发病重；地势低洼积水、排水不良，土壤潮湿，易发病；高温、高湿，长期连阴雨，日照不足，易发病。

预防措施：①合理密植，及时整枝压蔓，不偏施氮肥，增施磷、钾肥，促进植株健壮生长。②避免在阴雨天气进行农事操作，及时防治害虫，减少植株伤口。③注意田园清洁，及时摘除病叶并将其带出田外烧毁，病穴施药或撒生石灰，减少重复传播病害的机会。④种植前，按每100立方米空间用硫黄粉250克、锯末500克或45%百菌清烟剂250克的量，分放几处点燃，密闭棚室，熏蒸一夜，杀灭病菌。⑤发病初期用25%乙嘧酚800倍液，或50%醚菌酯3 000倍液，或4%朵麦可（幼苗期禁用）水乳剂1 500倍液喷雾。

12. 霜霉病

症状表现：主要为害叶片，感染后叶片上出现水渍状褪绿小点，后发展为黄色小斑，扩大后因受叶脉限制呈多角形黄褐色病斑，潮湿时叶背病斑处长出紫黑色霉状物，病斑受叶脉限制；病害严重时，病斑联合成片，使叶片干枯卷缩。病害从下部叶片向上扩展蔓延，严重时仅留顶部嫩叶（图6-13）。

图6-13　霜霉病

发生原因：病菌主要靠气流和雨水传播，多从叶片气孔侵入；霜霉病的发生与植株周围的温度、湿度关系非常密切，发病适温为20～24 ℃，叶面有水膜时容易侵入；昼夜温差大、多雨、有雾、结露的情况下，病害易发生流行；地势低洼、排水不良、种植过密、管理粗放、通风不良的瓜田发病重。保护地在湿度高、温度较低、通风不良时较易发生，且发展很快。

预防措施：①培育壮苗，增施粪、钾肥，严格控制浇水，注意田间通风，促进植株生长健壮。②发现病株后，应立即摘除病叶深埋或烧掉。③施足基肥，生长期不要过多地追施氮肥，以提高植株的抗病性。④加强叶片营养，按尿素：葡萄糖（或白糖）：水为

（0.5～1）：1：100的比例配制溶液，3～5天喷1次，连喷4次。⑤采用高温闷棚法，选择晴天，处理前要求棚内土壤湿度适宜，必要时可在前一天灌水1次，密闭大棚，使棚内温度上升至44～46 ℃，以瓜秧顶端温度为准，切忌温度过高（超过48 ℃，植株易受损伤），维持2小时后，开始放风，处理后应及时追肥、灌水。⑥发病初期可用72.2%普力克水剂800倍液，或64%杀毒矾可湿性粉剂400倍液，或72%克露可湿性粉剂750倍液，或银法利600倍液，或诺普信雷佳米（10%甲霜灵+48%代森锰锌）1 200倍液喷雾。

13. 灰霉病

症状表现：主要影响叶片、茎和果实。幼苗期叶片染病，初期先在叶片出现不规则水渍状病斑，心叶受害枯死后，形成“烂头”，随后全株枯萎死亡；成株期叶片染病，从叶缘或叶尖侵入，初始产生“V”形、半圆形至不规则形的水渍状病斑，具轮纹，后变成红褐色至灰褐色，沿叶脉逐渐向内扩展。潮湿时，病部长出茂密的灰色霉层。叶片和叶柄发病后会传染病菌导致茎蔓腐烂，茎蔓腐烂处出现霉层，主要表现在附蔓上，最终导致附蔓枯死。病菌一般从凋萎的残花开始侵入，初期花瓣呈水渍状，后变软腐烂，并生出灰褐色霉层，使花瓣腐烂、萎蔫、脱落，病菌逐渐向幼瓜扩展。受害部位先变软腐烂，后着生大量灰色霉层（图6-14）。

图6-14　灰霉病

发生原因：病菌主要以菌丝体和菌核随病残体在土壤中越冬，借助气流和雨水等条件传播；种植密度大，通风透光不好，发病重；氮肥施用太多，生长过嫩，抗性降低易发病；土壤黏重、偏酸，多年重茬，田间病残体多，肥力不足、耕作粗放、杂草丛生的田块发病重；肥料未充分腐熟、有机肥带菌或肥料中混有禾本科作物病残体的易发病；阴雨天或清晨露水未干时整枝；虫伤多，病菌从伤口侵入，易发病；地势低洼积水、排水不良、土壤潮湿易发病，低温、高湿、多雨或长期连阴雨、日照不足易发病；大水漫灌，低温高湿、昼夜温差大，夜间低温、冷凉易发病。

预防措施：①合理轮作，实行3年以上的轮作换茬。②控制适当种植密度，合理密植。③及时清除病株残体如衰老的叶片、卷须及开败的花瓣等，发现病瓜小心摘除，放入塑料袋并带到棚室外妥善处理。④注意控制氮肥的用量，避免植株生长过旺、过嫩。⑤发病后要适当控水，避免田间积水等。⑥每平方米育苗床或定植穴用70%敌磺钠原粉1 000倍液4～5千克浇灌；用百菌清烟剂或异菌脲烟剂熏棚，每个大棚用药0.25千克，每隔8～10天熏1次，连熏2～3次。⑦发病初期可用20%速克灵烟剂或20%特克多烟剂1千克/亩，熏闷棚室12～24小时，或用65%甲霉灵可湿性粉剂400倍液，或50%苯菌灵可湿性粉剂500倍液，或40%施佳乐悬浮剂600倍液，或45%特克多悬浮剂800倍液，或50%敌菌灵可湿性粉剂400倍液，或50%速克灵可湿性粉剂600倍液等药剂防治。

14. 细菌性果斑病

症状表现：在苗期和成株期均可发病，叶部病斑呈圆形、多角形及叶缘开始的“V”形，水浸状，后期中间变薄，可以穿孔或脱落，叶脉也可被侵染，并沿叶脉蔓延。病斑初为水浸状，圆形或卵圆形，稍凹陷，呈绿褐色，有时数个病斑融合成大斑。果实染病，发病初期会在果实的表面出现数个大小为几毫米、颜色为灰绿色至暗绿色的水渍状斑点，之后会迅速扩展成大型的、不规则的水浸状斑，随着时间的推移病部会变为褐色或产生龟裂，并会导致果实腐烂，果实腐烂后会分泌出一种具有黏性的琥珀色物质，因腐烂而产生的细菌还会透过瓜皮进入果实的内部（图6–15）。

图 6-15　细菌性果斑病

发生原因：病菌附着在种子或病残体上越冬，种子带菌是第二年的主要初发病源，若病菌附着在埋入土中的西瓜、甜瓜皮上，则可以存活8个月左右；若是附着在病残体上，则能够存活2年左右。病菌在田间凭借风力、雨水及灌溉水进行传播，传播时会从果实的伤口或气孔处侵入其内部，待果实发病后病菌会在病部大量繁殖，并且还会通过雨水或灌溉水向四周扩展，从而进行多次重复侵染；湿度大，尤其是空气湿度饱和，是病害侵染的最佳湿度条件，湿度过大时，叶片结露的位置最早出现在叶片边缘，结露体积持续增大，会连同病原菌一起掉落在下部叶片上，形成侵染，加剧为害。

预防措施：①采用高垄地膜覆盖和搭架栽培，配合滴灌、管灌等节水措施。②避免带露水或潮湿条件下整枝打杈等农事操作。③科学管控通风，在一天中温度最高的时期，应该保证半个小时的通风。④栽培的前茬作物最好是豆角、葱蒜类蔬菜，与瓜类蔬菜的连作以间隔3年以上为宜，并且在定植前最好采用高温闷棚进行消毒。⑤将种子用55℃温水浸种25分钟，或40%的福尔马林150倍液浸种1.5小时，或200 毫克/千克的新植霉素浸种2小时，冲洗干净后催芽播种。⑥发病初期用铜制剂（络氨铜、铜大师、可杀得）及加收米、加瑞农等药剂喷施，为避免对农药产生抗性，每种药剂每个生产季使用次数不要超过3次，最好不同类型药剂交替使用。

15. 溃疡病

症状表现：主要侵染茎蔓、果实、幼苗，也侵染叶柄和叶片。初期叶片表面呈现鲜艳水亮状即“亮叶”，随后叶片边沿褪绿出现黄褐色病斑。病菌通过伤口或植株的输导组织进行传导和扩展，初期茎蔓有深绿色小点，逐渐整条蔓呈水浸状深绿色，有时茎蔓部会流出白色胶状菌脓，很快整条蔓出现空洞，烂得像泥一样，最后全株枯死。病菌多侵染幼瓜和生长中期的瓜，初期瓜上出现略微隆起的小绿点，不腐烂，严重时从圆形伤口处流出白色菌脓（图6-16）。

图 6-16　溃疡病

发生原因：病菌可在种子内、外和病残体上越冬。主要从伤口侵入，包括整枝打杈时损伤的叶片、枝干和移栽时的幼根，也可从幼嫩的果实表皮直接侵入。由于种子可以带菌，病菌远距离传播主要靠种子、种苗和鲜果的调运，近距离传播靠雨水和灌溉；保护地大水漫灌会使病害扩大蔓延，农事操作接触病菌、溅水也会导致病菌传播；长时间高湿环境、暴雨天气和大水漫灌的大棚病害发生严重。

防治措施：①清除病株和病残体并烧毁，移栽时在穴内撒入叶枯唑或乙酸铜消毒。②采用高垄栽培。③避免带露水、阴天或潮湿条件下进行整枝打杈等农事操作。④种子消毒可用55 ℃温水浸种30分钟，或用新植霉素50毫克每千克种子浸种2小时。⑤发病初期可选用47%加瑞农可湿性粉剂稀释成800倍液，或77%可杀得可湿性粉剂稀释成500倍液，对植株进行喷施或灌根；或10%新植霉素5 000倍液进行喷施，每7～10天喷1次，连续喷2～3次。

16. 细菌性缘枯病

症状表现：初期在叶缘小孔附近产生水渍状小点，扩大成为淡黄褐色不规则形坏死斑，严重时在叶片上产生大型水渍状坏死斑，随病害发展沿叶缘干枯，病斑发生在周围是泡状有些黄化的叶面基础上，干枯后呈连片性的不规则枯干斑，可区别于疫病。叶柄、茎蔓呈油渍状暗绿色至黄褐色，以后龟裂或坏死，有时在裂口处溢出黄白色至黄褐色菌脓。果柄油渍状褪绿，果实表面着色不均，有黑斑点，具油光，果肉不均匀软化，空气潮湿，病瓜腐烂，溢出菌脓，有臭味（图6–17）。

发生原因：病原菌在种子或随病残体在土壤中越冬，成为第二年初侵染源。病菌从叶缘水孔等自然孔口侵入，靠风雨、田间操作传播蔓延和重复侵染。该病的发生主要受降雨引起的湿度变化及叶面结露影响，尤其是温室、大棚春茬栽培，在夜间随着气温的下降，湿度不断升高至70%以上或饱和水蒸气凝降到叶片或茎上，形成叶面结露，叶缘的吐水为该菌活动及侵入蔓延提供了湿度条件，从而使该病发生和流行。

预防措施：①与非葫芦科作物实行2年以上的轮作。②及时清理

图 6-17　细菌性缘枯病

病叶、病蔓且深埋；及时追肥、合理浇水，对温棚瓜要加强通风降湿管理。③播种前进行种子消毒，方法是用55 ℃的温水浸种20分钟，或用0.1%升汞液1 500倍液浸种10分钟，或次氯酸钙300倍液浸种1 500倍30～60分钟，捞出后清水洗净，或新植霉素500倍液浸种2小时，捞出后催芽播种。④发病初期和降雨后及时喷洒新植霉素4 000～5 000倍液，或2%多抗霉素800倍液，或14%络氨铜水剂300倍液，每7天喷1次，连喷3～4次。

17. 细菌性角斑病

症状表现：主要为害叶片，也可为害茎蔓及果实。叶片出现圆形或不规则的黄褐色病斑；叶片上病斑开始为水渍状，以后扩大形成黄褐色、多角形病斑，有时叶背面病部溢出白色菌脓，后期病斑干枯，易开裂。果实上的病斑初为水浸状，圆形或卵圆形，稍凹陷，呈绿褐色。有时数个病斑融合成大斑，颜色变深呈褐色至黑褐色。严重时内部组织腐烂，轻时只在皮层腐烂（图6–18）。

图 6–18　细菌性角斑病

发生原因：病菌随病残体在土壤中或附着于种子表面越冬，由寄主的伤口和自然孔口侵入，通过风雨、昆虫和人的接触传播。低温寡照，空气湿度大，非常有利于病害传播蔓延；施肥偏重，土壤墒情好，遇连阴雨天气，甜瓜长势过旺，需及时整枝抹芽，但频繁整枝交叉感染严重；病残枝蔓随便丢弃在大棚走道，可通过人工活动相互传播；浇水方式不当，水滴溅洒，有利于病害相互传播；种子带病也是该病害发生严重最主要的原因。

预防措施：①合理进行大田农事操作、水肥管理，注意整枝时间，晴天等露水干了再下田，最好不在阴雨天整枝。②连阴雨时间长可用多效唑10～20毫克/升控苗，可延后再整枝，整枝后注意及时用药预防。③及时将病残枝带出田外并集中销毁。④用40%福尔马林100倍液浸种30～60分钟进行种子消毒，用清水反复冲洗干净后方可催芽。⑤育苗所用的穴盘需用40%甲醛100倍液浸泡1～2小时，再用地膜包严实，于晴热高温的天气下暴晒3～5天，最后用清水冲洗干净。⑥苗床上幼苗出土后，可用2%春雷霉素600倍液喷淋，发病重时可连续使用2～3次；大田防治可用2%春雷霉素600倍液或5%春雷·王铜600倍液喷雾。

18. 病毒性病害

（1）花叶病毒病。

症状表现：主要表现为花叶型和蕨叶型两种症状。其中，花叶型初期病株顶端叶片出现黄绿色镶嵌花纹，以后皱缩畸形，叶面凹凸不平，病叶变小。茎蔓节间短缩，纤细扭曲，坐果少或不坐果。蕨叶型病叶狭长，皱缩扭曲。植株生长缓慢，矮化，顶端枝叶簇生。花器发育不良，严重的不能坐果；发病较晚的病株形成畸形瓜，瓜面凹凸不平，瓜小，瓜瓤暗褐色（图6–19）。

图 6–19　花叶病毒病

（2）绿斑驳花叶病毒病。

症状表现：幼苗和成株期都可发病。种传幼苗，植株生长缓慢，瓜蔓先端幼叶出现不规则的褪色或淡黄色花叶，继而绿色部分隆起，叶面凹凸不平，叶缘上卷，其后出现浓绿凹凸斑，随着叶片老化症状减轻，与健叶无大区别。病蔓生长停滞并萎蔫，严重时整株变黄，不能正常生长而死亡；果梗部常出现褐色坏死条纹，果实表面有不明显的浓绿色圆斑，有时长出不太明显的深绿色瘤疱。果肉周边接近果皮部呈黄色水渍状，内出现块状黄色纤维，果肉纤维化，种子周围的果肉变紫红色或暗红色水渍状，成熟时变为暗褐色并出现空洞，呈丝瓜瓤状，俗称“血果肉”，味苦不能食用（图6-20）。

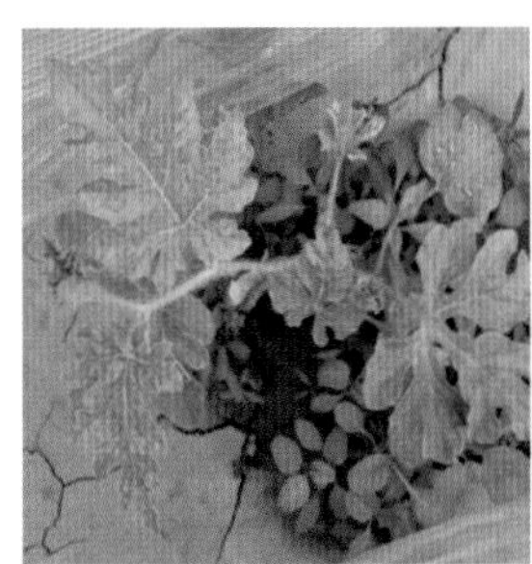

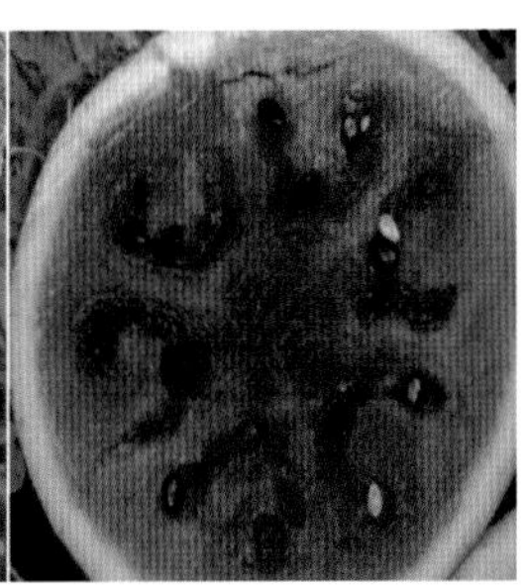

图6-20　绿斑驳花叶病毒病

（3）褪绿黄化病毒病。

症状表现：为害叶片由植株基部向顶端发展，发病初期表现为植株叶片出现不规则黄化褪绿斑块，一般植株基部或中部老叶开始褪绿黄化，病害逐步向顶端发展，新叶常在病害发生后期感染，发病后期整株黄化，严重影响植株光合作用、果实产量和品质，主要通过烟粉虱、蚜虫等害虫传播（图6-21）。

（4）坏死斑点病毒病。

症状表现：主要有小斑点型、大斑型、茎坏死型和根褐变型4种类型。①小斑点型多在定植后1～2周发生，顶部幼叶出现无数细小的黄色斑点，逐渐褐变成1～3毫米的坏死斑点，植株凋萎，重者枯死。②大斑型主要在生育后期发生，从下叶向上发展，开始在叶缘及叶端水孔附近发生坏死，以后沿叶脉向内进展，呈树枝状坏死，1片叶生

图 6-21　褪绿黄化病毒病

2～3个后互相融合，叶片枯死，进而发展成叶柄坏死和茎坏死，逐渐达到顶叶。③茎坏死型有两种，一种发生在上位茎部，只在幼苗和定植7～10天后开始发病，在靠近地边部出现茶褐色坏死，逐渐向上扩大；另一种为先发生在上位茎部，逐渐向下发展，通常只侵害表皮，对维管束影响不大，不会造成病变部上方茎部凋萎枯死。④根褐变型在定植时，根部变褐色，细根消失，植株萎蔫生长不良，伴有小斑点型的发病重（图6-22）。

图 6-22　坏死斑点病毒病

（5）皱缩卷叶型病毒病。

症状表现：植株顶端叶片往下卷，皱缩扭曲，植株矮化，不变色，仍绿，花器官不发育，难以坐瓜，即使坐瓜也容易出现畸形瓜，类似药害症状，通过烟粉虱传播（图6-23）。

图 6-23　皱缩卷叶型病毒病

发生原因：病毒主要在保护地蔬菜、田间杂草、野生瓜类植物、瓜田周围的花卉及其他灌木上越冬，成为第二年年初侵染来源。有些病毒可种子带毒，或可在病残体上存活；瓜类病毒在田间的传播以介体传播为主，瓜类传毒的介体有蚜虫、叶蝉、白粉虱、线虫和真菌等。有1/3的瓜类病毒是由多种蚜虫进行非持久性传播的，还有一些病毒是由甲虫及潜叶蝇传播的。有些病毒可通过种子进行传播，成为第二年春季的初侵染源；田间植株发病，又可通过蚜虫等介体向周围植株不断传播，引起病害流行；一般高温、干旱年份有利于瓜蚜繁殖和有翅蚜迁飞、传毒及病毒的增殖，发病重；管理粗放，杂草丛生等发病重；蚜虫防治不及时，数量大，发病严重；土壤营养缺乏，植株生长弱，抗病力下降，病害也会加重；邻作有共毒寄主植物，亦有利于发病。

预防措施：①加强栽培管理，合理轮作，收获后清除病残株，注意田间操作中手和工具的消毒。②田间种植需防除田间杂草，适当提早定植，增施有机肥和腐殖酸性肥料，提高作物抗性，整枝打杈时不要接触病株，少量发生时及时拔除病株。③采用防虫网、悬挂黄蓝板、田间覆盖银膜等措施减少蚜虫、烟粉虱等害虫，切断传播途径。④在瓜行间铺秸秆、杂草或田间喷水等方式增加田间湿度。⑤将种子干热 70～72 ℃ 72小时，或10% 磷酸三钠溶液中浸泡20～30分钟；或种子先经过35 ℃ 24小时、50 ℃ 24小时、72 ℃ 72小时，然后逐渐降温至35 ℃以下约24小时，洗净后催芽播种。⑥发病初期，可喷施盐酸吗啉胍·铜20%可湿性粉剂500~800倍液，或1.5%植病灵Ⅱ号乳剂1 000～1 200倍液，或病毒钝化剂Raboviror+抑制增抗剂STR（3.95%可湿性粉剂）500倍液，或0.5%菇类蛋白多糖水剂200～300倍液，或30%毒氟磷500倍液喷雾；也可用病毒A（或其他任何防病毒病农药均可）+尿素+天然芸薹素进行喷施防治，效果较好。

19. 根结线虫病

症状表现：主要为害根系，在侧根或须根上产生大小不等的葫芦状浅黄色根结。解剖根结，病组织内部可见许多细小乳白色洋梨形线虫。根结上一般可长出细弱的新根，以后随根系生长再度受侵染，形成链珠状根结。田间病苗或病株轻者表现叶色变浅，中午高温时萎蔫。重者生长不良，明显矮化，叶片由下向上萎蔫枯死，地上部生长势衰弱，植株矮小黄瘦，果实小，严重时病株死亡（图6–24）。

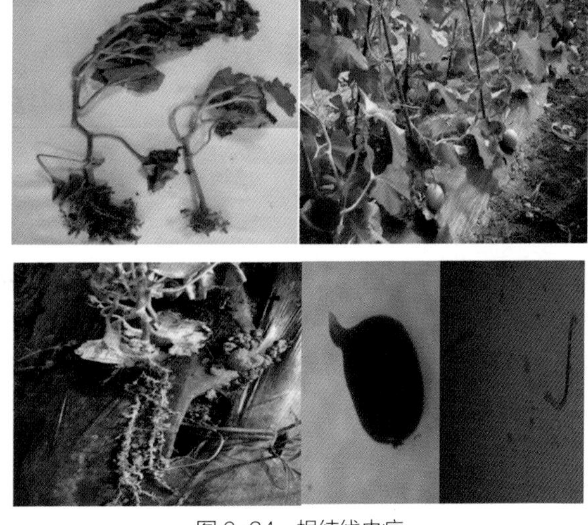

图 6-24　根结线虫病

发生原因：病原线虫主要以卵、少数以2龄幼虫或雌虫随病残体在土壤和粪肥中越冬。第二年3月以后，当气温上升至10 ℃时，在寄主根分泌物的引诱下，2龄幼虫从近根冠的部位侵入。田间主要通过病土、病苗和灌溉水传播，农事操作及农具携带也能传播；病原线虫主要分布在深20厘米以内的耕作层中，以3～15厘米居多；适于线虫生长和繁殖的温度为25～30 ℃，低于10 ℃停止活动；通气性较好、结构疏松的沙质土壤及连作、偏施氮肥地发病较重；连作时间越长，发病越重。

预防措施：①选用无病种苗，注意基质是否带病。②重病地块，深翻土壤30～50厘米，在春末夏初进行日光高温消毒灭虫。③冬季农闲时，可在灌满水后盖好地膜并压实，再密闭棚室15～20天，可将土中线虫及病菌、杂草等全部杀灭。④药剂处理土壤，在播种或定植前，可选用10%噻唑膦颗粒1～2千克/亩或 3%米乐尔（氯唑磷）颗粒1.5～2千克/亩均匀施于定植沟穴内，或撒施或沟施于20厘米表层土内；发病期，可用1.8%虫螨克乳油0.5～1升/亩随灌水冲施或41.7%氟吡菌酰胺15 000倍液灌根。

20. 蚜虫

症状表现：以成蚜及若蚜群集在叶背和嫩茎上吸食作物汁液，引起叶片皱缩。瓜苗嫩叶及生长点被害后，叶片卷缩，瓜苗萎蔫，甚至停止生长；老时受害，虽然叶片不卷曲，但受害叶提前干枯脱落，缩短结瓜期，造成减产（图6-25）。

发生原因：偏高的气温、偏少的降水、较低的相对湿度对蚜虫的发生、繁殖非常有利，蚜虫发生的最适温度24～28 ℃、最适相对湿度50%～85%；繁殖速度较快，一般是3～5天繁殖一代，一个蚜虫可繁殖50～70只；蚜虫的成虫有的会飞，有的会随人传播，有的随风传播；由于农业生产上农药的大量使用，导致七星瓢虫等天敌数量减少，控制不了蚜虫的蔓延，是蚜虫发生的主要因素。

预防措施：①春季铲除瓜田和四周的杂草，消灭越冬卵，减少虫源基数，或采取银灰色薄膜避蚜和设黄板诱蚜杀蚜。②利用高压喷水来杀死或冲洗掉大量的蚜虫，春季如遇干旱，可利用补充水分的机

图6-25　蚜虫

会，用喷水来控制虫口密度，减少蚜虫的发生。③注意保护和利用蚜虫天敌，蚜虫的天敌主要有七星瓢虫、异色瓢虫、中华草蛉、食蚜蝇等，利用人工迁移瓢虫、食蚜蝇等天敌，也能进行有效的防治。④定植时穴施吡虫啉或噻虫嗪缓释片。⑤田间可选用70%吡虫啉水分散剂9 000～10 000倍液、25%噻虫嗪水分散粒剂6 000～8 000倍液，或5%啶虫脒乳油1 500～2 500倍液、0.36%苦参碱水剂500倍液、2.5%联苯菊酯乳油3 000倍液、2.5%鱼藤酮乳油500倍液叶面喷雾。

21. 粉虱

症状表现：成虫和若虫群集在植株叶背吸食汁液，成虫喜聚集在植株顶部嫩叶背面活动，卵和若虫则聚集在植株的中下部叶片，叶片受害后，褪绿、变黄、萎蔫、干枯，严重时导致植株死亡；粉虱为害时，分泌的蜜露会污染叶片及果实，导致发生煤污病，影响植株光合作用；作为植物病毒的传播媒介，成虫可传播病毒病，当虫口密度较高时，叶片呈黑色，果实品质受到影响，导致减产（图6–26）。

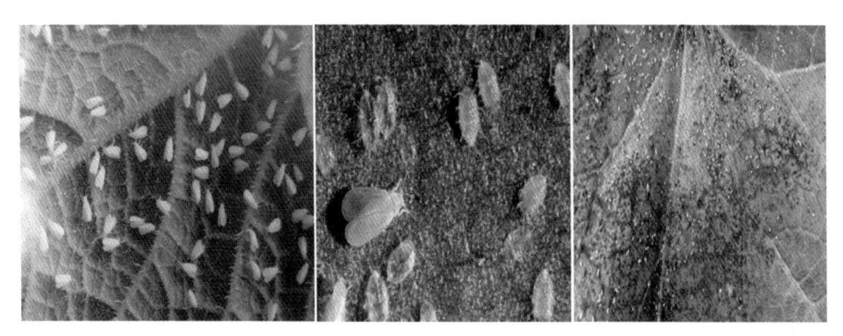

图6-26 粉虱

发生原因：在温室条件下，一年内可发生10余代，世代重叠现象明显；日光温室、大棚迅速发展，为白粉虱提供了充足的越冬场所和充足的食物；冬季棚室开窗通风或瓜苗移栽使虫源从棚室移至露地，导致白粉虱的蔓延；粉虱不仅为害大多数农作物，而且对多种农田杂草也进行为害，具有寄主范围广、食性杂、产卵量大、繁殖快、漂移性强、生活周期短、扩散性大等特点；由于棚室与露地衔接紧密，果蔬等作物持续种植，导致粉虱呈周年发生态势；农药的长期使用，加上白粉虱世代多，繁殖快，其对常规农药已有较强的抗性，尤其对氨基甲酸酯类、有机磷类、菊酯类农药的抗性较高。

预防措施：①培育栽植无虫苗。②育苗前清除杂草和残株，集中烧毁或深埋。③通风口设尼龙纱网，防止外来虫源；与十字花科蔬菜进行轮作，以减轻虫害发生。④在温室、大棚门窗或通风口，悬挂白色或银灰色塑料薄膜条，驱避成虫侵入。⑤在粉虱发生初期，在棚室内设置黄板（1.00米×0.17米纤维板或硬纸板，涂成橙黄色，再涂上一层黏油，一般使用10号机油加少许黄油调匀），设置密度480～510块/公顷，黄板设置于行间，与植株高度相平，7～10天重涂1次，操作时应注意避免将油滴在作物上造成烧伤；也可直接购买商品黄板。⑥人工繁殖释放丽蚜小蜂，当温室内白粉虱成虫在0.5头/株以下时，按15头/

株释放丽蚜小蜂成蜂，每隔2周释放1次，共3次。⑦白粉虱寄主多、食性杂，成虫迁移性强、漂移性大，必须田内外统一用药。可选用药物进行防治，2.5%噻虫嗪水分散粒剂6 000～8 000倍液、20%啶虫脒乳油3 000～4 000倍液、25%噻嗪酮可湿性粉剂1 000倍液、2.5%氯氟氰菊酯乳油5 000倍液、2.5%联苯菊酯乳油3 000倍液叶面喷雾。喷药时，注意均匀喷透，一般用弥雾机或手动喷雾器对准植株背面进行喷雾，为延缓产生抗药性，应注意轮换用药。保护地栽培，可用80%敌敌畏乳油与锯末或其他燃烧物混合点燃熏烟杀虫。

22. 螨类

（1）叶螨。

症状表现：成虫、幼虫、若螨在叶片背面吐丝结网并吸食汁液，为害初期被害叶片出现许多细小的失绿白点，后变为灰白色，导致叶片失绿枯死。通常为害从植株下部叶片开始向上蔓延发展，数量多时可在叶端成团，严重时会造成大量叶片枯焦脱落，植株早衰或死亡，缩短结果期，严重影响产量和质量（图6–27）。

图6–27　叶螨

（2）茶黄螨。

症状表现：以成螨、幼螨刺吸为害植株幼嫩部位，受害植株或器官发生畸形，叶片背面呈灰褐色或黄褐色，具有油渍状光泽，叶缘向下卷曲；嫩芽变为黄色，扭曲畸形，严重时植株顶部干枯，受害严重的蕾和花不能正常开花坐果；受害果柄、萼片及果实呈黄色，失去光泽，木栓化，严重时果实停滞生长、变硬，失去商品价值（图6–28）。

图6–28　茶黄螨

发生原因：螨类多喜欢温暖多湿的环境条件，其寄主范围广，众多的寄主为螨的发育和繁殖提供了充足的食物；生活周期短，产卵量大；体型较小，田间发生时，肉眼可见叶螨及其爬行，茶黄螨极难辨别；螨类一般在叶片背面进行为害，导致植株出现症状后才能发现，治疗效果差，棚内温度、湿度适宜螨的生长和发育；螨类为害易与病毒病、激素中毒等症状相混淆，导致诊断错误，错过最佳治疗时机；田间杂草丛生，植株荫蔽通风不畅，为螨类的发生和繁殖提供了有利条件。

预防措施：①收获后要及时清洁田园，把田间的残株败叶用于沤肥或销毁，可以消灭部分虫源，减少虫害的发生率。②在高温干旱季节，注意适当增加浇水次数并结合追肥。③培育幼苗时，育苗棚要和生产温室分开，育苗前彻底清除病残体、自生苗和杂草，用烟剂熏灭残余虫口，培育无病壮苗。④虫害发生初期，可每平方米释放60～90头胡瓜钝绥螨。⑤虫害发生时要及时进行防治，可用10%浏阳霉素乳油兑水配制1 000倍液，或20%复方浏阳霉素乳油兑水配制1 000倍液，或24%螺螨酯3 000倍液，或2.5%联苯菊酯乳油兑水配制1 500倍液，或5%氟虫脲乳油兑水配制1 500倍液，或1.8%阿维菌素乳油兑水配制2 500倍液，或20%哒螨灵可湿性粉剂兑水配制2 500倍液，或20%四螨嗪悬浮剂兑水配制1 500倍液，每7～10天喷施1次，连续喷施2～3次，重点喷洒植株上部的嫩叶背面、嫩茎及幼果等部位，并注意农药交替使用。

23. 瓜绢螟

症状表现：主要以幼虫取食为害。初孵幼虫为害叶片时，先取食叶片下表皮及叶肉，仅留上表皮；虫龄增大后，将叶片吃成缺刻，仅留叶脉。虫量大时，可将整片瓜地叶片吃光；幼虫可为害瓜果，取食瓜的表皮，呈花斑状，或将整个瓜的表皮吃掉呈麻皮状，而后钻入瓜内，取食皮下瓜肉，使瓜腐烂变质（图6-29）。

图6-29　瓜绢螟

发生原因：以老熟幼虫或蛹在枯叶或表土越冬；成虫夜间活动，稍有趋光性，卵产于叶片背面，散产或几粒在一起；由于棚室的保护作用，棚内温度较棚外高，有利于瓜绢螟羽化，使瓜绢螟的发生时间提前，冬季又将瓜绢螟的发生时间延长，加上棚内土壤湿度适宜，有利于瓜绢螟的幼虫化蛹和蛹的成活，增加了虫口基数，造成大棚内害虫发生量较大；大棚内土壤中富含有机质，管理精细，长势好，食料充足，隐蔽性较好，适宜瓜绢螟生长发育，造成瓜绢螟在大棚内发生量特别大。

预防措施：①及时去除下部老叶、病叶，可以增加防效和杀死老叶内的虫蛹。②加强田园的清洁工作，铲除棚室周围的杂草，采收完毕以后，瓜蔓及时清理出棚深埋，降低蛹量。③实行轮作，做到瓜类蔬菜不连茬，在一定范围内，杜绝寄主作物，斩断瓜绢螟食物链，可以适当降低发生量。④在整枝吊蔓时，可人工捕捉大龄幼虫，直接降低虫口基数。⑤安装杀虫灯或黑光灯诱杀成虫。⑥在幼虫1～3龄时使用一些生物农药防治效果较好。药剂可选用1.2%烟碱·苦参碱乳油800～1 500倍液，或0.5%藜芦碱1 000～1 200倍液，或2%阿维·苏云菌可湿性粉剂2 000～3 000倍液，或15%茚虫威3 000倍液，或5%甲维盐4 000倍液，或10%溴虫腈1 000倍液喷雾防治。

24. 种蝇

症状表现：为多食性害虫，主要为害幼苗，幼虫自根茎部蛀入，顺着茎向上为害，被害苗倒伏死亡，再转移到邻近的幼苗，常出现成片死苗，幼虫还能为害种芽，引起腐烂（图6-30）。

图6-30　种蝇

发生原因：种蝇是一年多世代的害虫，以蛹或幼虫在土中越冬。第二年春羽化的成虫在粪肥或开花植物上进食，对腐烂发酵的气味有很强的趋性。卵期2～4天，土壤潮湿有利于孵化。幼虫共3龄，随温度升高幼虫期缩短。春天孵化后幼虫即钻入萌发的种子或幼苗内。幼苗老熟后，在寄主植株附近土中化蛹，蛹期随温度升高而缩短。其来源主要为育苗时基质未消毒并携带根蛆的卵、幼虫和蛹等虫源，定植时施用的有机肥或农家肥未充分腐熟散发气味引诱种蝇产卵，前茬作物留在土壤中越冬、越夏的虫源。

预防措施：①采用浸种催芽和提早覆盖地膜等措施以提高地温，尽量缩短种子在土壤里的发芽时间，减轻种蝇的为害。②育苗制作营养钵时，培养土和拌入的有机肥料要用薄膜盖好，防止幼虫潜入土中或成虫在其上产卵。③不要施未腐熟的粪肥，施肥要均匀、早施、深施，不要暴露地面，以减少种蝇产卵。④按糖、醋、酒、水和90%晶体敌百虫3：3：1：10：0.6的比例配成糖酒液，放置在苗床附近诱杀种蝇成虫。⑤在发生初期可用90%敌百虫800～1 000倍液，或75%灭蝇胺5 000倍液，或1%阿维菌素3 000倍液，也可用90%敌百虫800～1 000倍液或80%敌敌畏1 500倍液喷洒植株和根部周围，以杀死成虫和卵，以后每隔7～10天喷1次，连续用药2～3次。

25. 蓟马

症状表现：以成虫和若虫锉吸西瓜、甜瓜心叶、嫩芽、嫩梢、幼瓜的汁液。嫩梢、嫩叶被害后不能正常伸展，生长点萎缩、变黑，呈锈褐色，新叶展开时出现条状斑点，茸毛变黑而出现丛生现象。幼瓜受害时，质地变硬，茸毛变黑，出现畸形，易脱落。成瓜受害后，瓜皮粗糙，有黄褐色斑纹或瓜皮长满锈皮（图6–31）。

图6–31　蓟马

发生原因：一般进行孤雌生殖，偶尔进行两性生殖，繁殖速度快；个头小，开始不易被发现，有昼伏夜出的习性，阴天、早晨、傍晚和夜间才在寄主表面活动。平时喜欢藏在花内和叶片背面，而卵一般在植物组织中，药液很难渗透进去，所以很难被杀死。成虫活泼，善飞能跳，又能借风力传播，有趋嫩绿的习性，白天一般集中在叶背为害，阴雨天、傍晚可在叶面活动。对有机磷类、氨基甲酸酯类、新烟碱类、拟除虫菊酯类和生物源药剂等都产生了不同程度的抗性。

预防措施：①及时清除种植地周围的杂草，做好田园清洁工作。②地面覆盖银灰色地膜，借助蓟马对其的趋避性，减少为害。③悬挂频振杀虫灯诱杀。④成虫盛发期，在田间设置蓝色诱虫黏胶板，诱杀成虫。⑤在瓜根周围撒施毒土，杀死落地若虫。⑥发病初期，可选用10%多杀霉素1 000倍液，70%吡虫啉水分散剂10 000倍液，25%噻虫嗪水分散粒剂6 000 ~ 8 000倍液，5%氟虫腈胶悬剂1 500 ~ 2 500倍液喷雾防治。

26. 黄守瓜

症状表现：黄守瓜成虫为害花、幼瓜、叶和嫩茎，早期取食瓜类幼苗和嫩茎，常引起死苗。取食叶片，咬食成环形、半环形食痕或孔洞，甚至使叶片支离破碎。幼虫在土中咬食细根，导致瓜苗整株枯死，还可蛀入接近地面的瓜果内为害，引起腐烂（图6–32）。

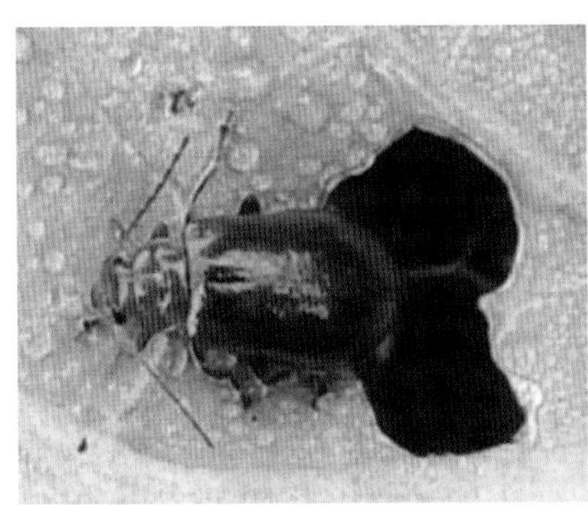

图6–32　黄守瓜

发生原因：黄守瓜成虫飞翔能力强，喜温暖、湿润和光，稍有群集性；越冬成虫产卵的场所喜欢选择在温暖湿润的表土中，湿度越大，产卵越多；幼虫孵化后随即潜入土中为害植株须根，3龄以后为害主根，老熟幼虫在根际附近筑土室化蛹。各地均以成虫越冬，常十几头或数十头群居在避风向阳的田埂土缝、杂草落叶或树皮缝隙内越冬。第二年春季温度达6 ℃时开始活动，10 ℃时全部出蛰，瓜苗出土前，先在其他寄主上取食，待瓜苗生出3～4片真叶后就转移到瓜苗上为害。

预防措施：①采用全田地膜覆盖栽培，在瓜苗茎基周围地面撒布草木灰、麦芒、麦秆、木屑等，以阻止成虫在瓜苗根部产卵。②与十字花科蔬菜、莴苣、芹菜等蔬菜套种间作，瓜苗期适当种植一些高秆作物。③利用假死性，人工捕杀成虫。④防治成虫可用90%晶体敌百虫1 000倍液，或80%敌敌畏乳油1 000倍液，或50%辛硫磷乳油1 000倍液，或50%马拉松乳油1 000倍液，或2.5%溴氰菊酯乳油3 000倍液，或10%氯氰菊酯乳油3 000倍液喷雾。⑤防治幼虫可用50%辛硫磷乳油1 000倍液，或90%晶体敌百虫1 000倍液，或5%鱼藤酮乳油500倍液，或烟草浸出液30～40倍液灌根。

27. 地老虎

症状表现：以幼虫为害，幼虫3龄前多聚集在嫩叶或嫩茎上咬食，3龄以后转入土中，有昼伏夜出的习性，常将幼苗咬断并拖入土穴内咬食，造成瓜田缺苗断垄，半露地表，或咬蔓尖及叶柄，阻碍植株生长（图6–33）。

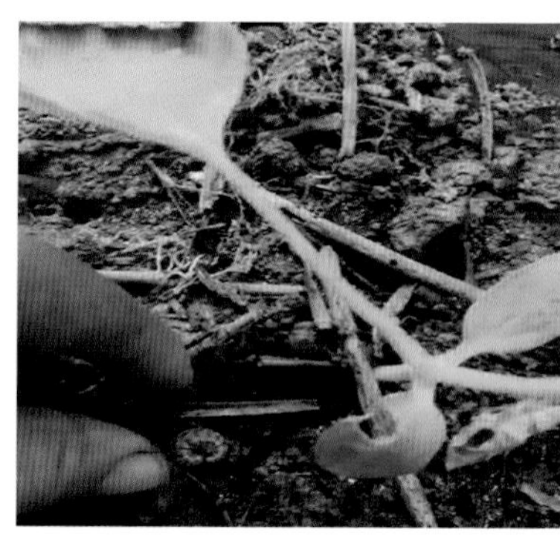

图6-33　地老虎

发生原因：地老虎由北向南1年可发生2～7个世代。小地老虎以幼虫和蛹在土中越冬；黄地老虎以幼虫在麦地、菜地及杂草地的土中越冬。两种地老虎虽然1年发生多代，但均以第一代数量最多，为害也最重；秋季多雨，土壤湿润，杂草滋生，地老虎在适宜的温度条件下，又有充足的食物，适于越冬前的末代繁殖，所以越冬基数大，成为第二年大发生的基础。早春2～3月多雨，4月少雨，此时幼虫刚孵化或处于1、2龄时，有利于发生，第一代幼虫可能为害严重。相反，4月中旬至5月上旬，中雨以上的雨日多、雨量大，造成1、2龄幼虫大量死亡，第一代幼虫为害的可能就轻。1、2龄幼虫昼夜活动，啃食心叶或嫩叶；3龄后白天躲在土壤中，夜出活动为害，咬断幼苗基部嫩茎，造成缺苗；4龄后幼虫抗药性大大增强；地老虎成虫日伏夜出，具有较强的趋光和趋化性。

预防措施：①冬春除草，消灭越冬幼虫；生长期清除田间周围杂草，以防成虫产卵。②用糖1份、醋2份、白酒0.5份、水10份、90%晶体敌百虫0.1份混合成糖醋液。用木杆等做成1米左右高的三脚架，放置田间，三脚架上放一只碗。从瓜苗出土或定植后开始，每天天黑之前在碗内倒入适量上述混合液，即可诱杀前来取食的成虫。③利用其趋光性，可用黑光灯诱杀。④一般情况下，地老虎在为害后并不远离，仍在附近土层隐藏，也可结合灌水捕杀。⑤栽苗前在田间堆草，诱杀成虫，人工捕捉。⑥幼虫4龄以后，可进行毒饵诱杀，用麦麸25～30份，50%辛硫磷乳油1份，水30份，先将麦麸炒香，然后用水将药配好，洒入麦麸中拌匀，每亩用3.5～5千克，做成毒饵，傍晚撒在秧苗周围；或用敌百虫0.5千克，溶解在2.5～4.0千克水中，喷于60～75千克菜叶、西瓜果肉或鲜草上，于傍晚撒在田间诱杀。

28. 瓜实蝇

症状表现：雌虫用尾部的产卵器刺穿果实表皮，插入果实内部产卵，卵孵化成幼虫后，幼虫就在果实内咬食果肉，受害的瓜先局部变黄，而后全瓜腐烂变臭，造成大量落瓜，即使不腐烂，刺伤处凝结着流胶，畸形下陷，果皮硬实，瓜味苦涩（图6–34）。

图6-34　瓜实蝇

发生原因：不摘除受害果，或者就算摘除了受害果，也不专门处理摘除果和落地果，而是将这些带有幼虫的果实随意丢弃在田地里，为瓜实蝇幼虫的生长发育提供了场所；瓜棚搭设得过于紧密，降低了田间空气流动性；中后期田间管理时，不注意及时摘除老叶，使田间通风透气性降低，创造了适宜瓜实蝇生存的小环境，幼虫藏于果实内，喷施的农药无法直接接触到幼虫；成虫飞翔能力强，在喷施农药时飞离瓜棚，若干天后待药效降低时又飞回继续为害。

预防措施：①搭设瓜棚时，充分考虑田间通风透气性，合理密植。②种植中后期，及时清除瓜地内及周边的杂草，摘除无用的侧枝及黄叶老叶，增加田间通风透光性，减少成虫隐蔽的环境。③及时摘除受害果，并将摘除的受害果和落地果深埋50厘米以上，或用敌百虫1 000倍液浸泡。④瓜果刚谢花或花瓣萎缩时进行套袋，防成虫产卵为害。⑤在瓜棚里悬挂黄色的黏虫板，悬挂30～40片/亩，诱杀成虫。⑥将熟透的香蕉皮或者菠萝皮剁碎，与90%敌百虫按80：1的比例制成糊状毒饵，直接涂在瓜棚内，或者用容器装载悬挂在瓜棚内，放置20～30个/亩。⑦在成虫盛发期，于中午或傍晚用21%灭杀毙乳油4 000～5 000倍液，或2.5%敌杀死2 000～3 000倍液，或50%敌敌畏乳油1 000倍液喷雾。

29. 美洲斑潜蝇

症状表现：雌成虫刺伤叶片取食和产卵，幼虫在叶片内取食叶肉，使叶片布满不规则蛇形白色虫道，虫道以不规则蛇形盘绕，不超过主脉，黑色虫粪交替排列在虫道的两侧，受害后叶片逐渐萎蔫，上下表皮分离、枯落，最后全株死亡（图6-35）。

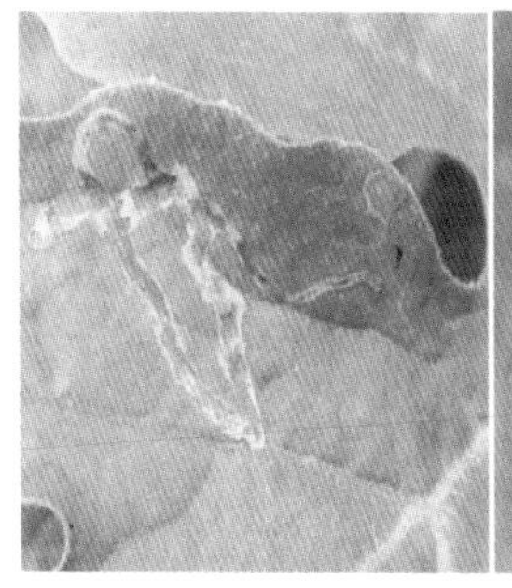
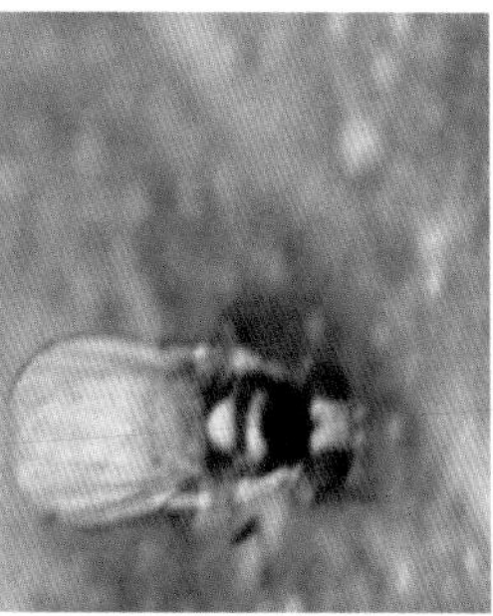
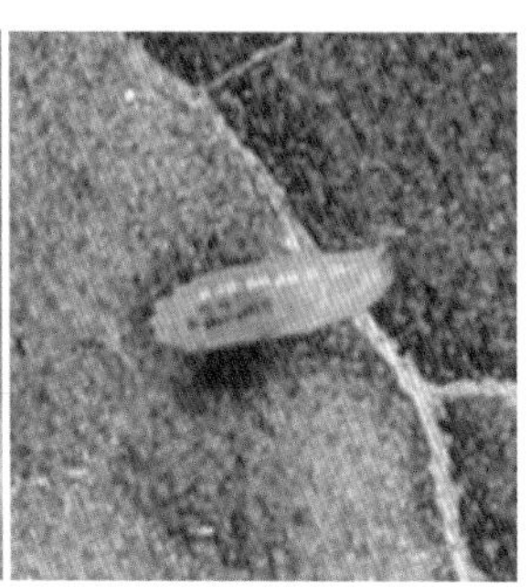

图 6-35　美洲斑潜蝇

发生原因：该虫繁殖快，每头雌虫产卵200～600粒，主要寄主有豆类、瓜类、茄科、十字花科等40多种农作物和一些野生植物，在不同季节，一些瓜菜收获后，一些野生植物成为美洲斑潜蝇的中间寄主，为其繁殖、越冬创造了条件，害虫在农作物和野生寄主之间来回迁移，增加了防治难度；反季节瓜菜发展迅速，棚室为美洲斑潜蝇越冬提供了适宜的小气候；检疫手段的滞后，增加了该虫传入的可能性；瓜菜的调运也加快了该虫的传播速度，该虫的蛇形潜道和世代交替比较快，为其防治造成很大的困难。

预防措施：①及时清除菜园残株、残叶及杂草，处理虫害残体。②合理布局瓜菜品种，间作套种非寄主植物或不易感虫的苦瓜、葱、蒜等。③在大棚内每隔2米于作物叶片顶端略高10厘米处吊1片黄板（规格20厘米×2厘米），黄板上涂凡士林和林丹粉的混合物诱杀成虫。④往棚内释放姬小蜂、潜蝇茧蜂等寄生蜂防治率较高。⑤在苗期2～4片叶或1片叶上有3～5头幼虫时，于上午露水未干前选用1.8%虫螨克乳油，或0.9%爱福丁乳油，或4.5%高效氯氰菊酯，或生物农药BT喷药防治。⑥在越冬代成虫羽化盛期，用诱杀剂点喷部分植株，可用甘薯或胡萝卜煮液为诱饵，以0.05%敌百虫可湿性粉剂为毒剂制成，每5天点喷1次，共喷5～6次。⑦在始见幼虫潜蛀的隧道时，用50%蝇蛆净2 000倍液，或威敌内吸杀虫剂1 000倍液，或90%杀虫单可湿性粉剂800倍液，每隔7～10天喷1次，共喷2～3次，可杀死潜伏在叶片内的幼虫。

30. 蜗牛

图 6-36　蜗牛

症状表现：成贝、幼贝以齿舌刮食叶茎，造成缺刻、孔洞，严重时仅剩余叶脉，常诱发病菌侵染腐烂，苗床内从种子萌发到子叶期被害，可被全部吃光，延误农时，也可咬断幼苗，造成缺苗断垄（图6-36）。

发生原因：雌雄同体，每个个体都能产卵，繁殖能力很强。每个成贝春秋两季都可产卵，且一次受精可多次产卵，一次可产卵30～50粒，一年可产卵几十粒到几百粒不等；蜗牛喜阴暗潮湿，从区域上，地势低洼、易于积水的田块蜗牛发生重，其次离沟渠、河边较近，周边杂草丛生的田块蜗牛密度大、为害重。如今普遍实行联合收割机收麦，田间的秸秆和麦茬，为幼蜗的孵化、活动和越夏提供了有利场所，提高了孵化率和成活率；土地复种指数高为产卵、繁殖提供了适宜的生长环境，加上长期大量使用农药及环境条件的日益恶化，天敌少，自然控制能力极差，有利于蜗牛的发生蔓延。

预防措施：①清洁田园、铲除田边地头杂草，并撒上生石灰，减少蜗牛的滋生地。②秋季耕翻，使部分成贝或幼贝暴露于地面被冻死或被天敌啄食。③在每天的清晨、傍晚和阴雨天，活动为害时，很容易在地面或植株上捕捉。④在晴天傍晚，距沟渠、杂草近的地块，撒施5～8千克/亩的新鲜生石灰带，有效阻断蜗牛向田间转移。⑤傍晚前后在田间设置草堆，夜间蜗牛会集中躲于其下，次日清晨掀开杂草，将诱集的蜗牛集中杀死。⑥用多聚乙醛配成含有效成分2.5%～6.0%的豆饼粉或玉米粉等毒饵，于傍晚放在田间诱杀。⑦在幼贝活动为害盛期，选择傍晚或清晨，用硫酸铜800～1 000倍液、90%敌百虫1 000倍液、1%的食盐水全田喷施，7天左右喷施1次，连喷2次可有效压低幼贝数量。⑧选择在雨后或浇水后蜗牛活动为害盛期的傍晚，每亩用6%除蜗灵400～500克，或10%多聚乙醛颗粒剂2～2.5千克全田撒施。

七、生长异常识别与诊断方法

1. 生长异常诊断要点

（1）侵染性病害。由病原生物引起的传染性病害，其发生必须要病原、感病植物、环境条件三者均具备时才能实现，其发生发展包括以下基本环节：病原物与寄主接触后，对寄主进行侵染活动，由于初侵染的成功，病原物数量得到扩大，并在适当的条件下通过气流、水、昆虫传播及人为传播，进行不断的再侵染，使病害不断扩展。田间始发时一般呈点片状，零星分散且健病株混杂存在，随着病情的发展常形成发病中心，并继续向四周扩散蔓延，有从轻到重的病变过程。为害瓜类作物的主要病原生物主要有真菌、细菌、病毒、线虫等多种。

真菌性病害：植株感病部位生有霉状物、菌丝体并产生病斑。真菌性病害症状多为坏死、腐烂和萎蔫，大多数在病部有霉状物、粉状物、点状物、锈状物等病症；对一些真菌性的维管束病害，茎秆的维管束变褐，保湿培养后从茎部切面长出菌丝。

细菌性病害：多数细菌性病害症状特点表现为坏死、萎蔫、腐烂等，病部有菌脓、菌膜、菌痂。坏死病斑多受叶脉限制，为角斑或条斑，初期有水渍状或油渍状边缘，半透明，常有黄色晕圈，如细菌性角斑病。萎蔫性病害，用手挤压病株茎基部横切面，可见菌脓，且维管组织变褐，如青枯病。表现为腐烂症状的，感病后组织解体，常伴有臭味，无菌丝，如溃疡病。

病毒病害：一般引起畸形、丛簇、矮化、花叶、皱缩、坏死等症状，并有传染扩散现象，多为系统性侵染，症状多从顶端开始表现，然后其他部位陆续出现。

根结线虫病害：植株生长衰弱，显示营养不良，生育迟缓，致使植株矮小，色泽失常，叶片萎蔫，与缺肥水的表现相似。叶片、茎秆没有病原物，拔出根系，根部长有瘤状物。田间线虫的分布随种植年数增加而加重。与豆科作物的根瘤不同，用刀切开瘤状物，横截面为白色、有虫体的是线虫，横截面为粉红色的为根瘤。

（2）非侵染性病害。由非生物因子，如营养、水分、温度、光照和有毒物质等引起的病害，阻碍植株的正常生长而出现不同病症，受不良生长环境限制，以及天气、种植习惯、管理不当等因素影响，植株局部、整株或成片发生的异常现象，无虫体、病原物可见，没有逐步传染扩散的现象等，主要包括药害、肥害、天气灾害等。

1）药害主要指因过量施用农药或误施、漂移、残留等因素造成的瓜苗生长异常、枯死、畸形等现象。

杀菌剂药害：因使用含有对花、果实有刺激作用的杀菌剂造成的落花落果，以及过量药剂所导致植株或叶片畸形现象。如三唑类杀菌剂超量使用会抑制作物幼嫩生长点生长。嘧菌酯与乳油剂型的农药混用易出现“烧叶”现象等。

杀虫剂药害：因过量以及多种杀虫药剂混配，喷施所产生的烧叶、白斑等现象。

除草剂药害：超量或错误使用除草剂造成土壤残留，下茬受害黄化、生长抑制等现象，以及喷施除草剂漂移造成的近邻植株受害、生长畸形现象。如西瓜、甜瓜作物易受乙草胺药害。

植物生长调节剂药害：因气温高、药物浓度过高或喷施不适当，造成植株畸形、果实畸形、裂果等现象。如氯吡脲用于促果时，高温、高浓度易造成叶片皱缩、畸形果和裂果等药害。

2）肥害主要指因偏施化肥，造成土壤盐渍化或缺素，导致植株烧灼、枯萎、黄叶、化瓜等现象。如在育苗床或大田中施用未充分腐熟的鸡粪，会造成烧根、沤根、氨气中毒、土传病虫害严重等现象。

缺素症：施肥不足、脱肥或过量施入单一肥料造成某些元素被固定，植株长势弱，或褪绿、黄化、果实着色不良，或畸形等现象。明显的缺素症状，多见于老叶或顶部新叶。

元素中毒症：过量施入某种化肥或微肥或环境污染造成的某种元素过多，植株营养生长过盛、叶色过深或颜色异常、果实生长异常，或植株生长停滞等现象。

3）天气灾害主要指因天气的变化、突发性气候变化造成的为害。

寒害：发生较缓慢，需要较长时间的持续低温，地温长期持续过低，造成不发新根，老根迅速衰老发黄、发锈，甚至死亡。地上部子叶或真叶会逐渐干枯，最终导致死苗，棚室内久阴乍晴，会因温度低发生寒害而使地上部萎蔫死亡。短期气温过低，叶片向下卷成瓢形或匙形；长期气温过低，会发生寒害，叶片出现褪绿白斑，呈现缓慢花打顶现象，导致花芽畸形、畸形瓜较多。

冻害：幼苗受到冻伤时表现为新叶发白，移植的幼苗则会出现叶片干枯萎缩。一般来说受冻伤较轻的子叶、真叶都会出现边缘发白的现象，短时间内生长缓慢。而重伤的情况则会造成叶片卷曲干枯，之后就会停止生长，以至于长时间的缓苗，严重情况下将直接导致死亡现象，植株变成黑色，果实蜡样透明及叶片紫褐色枯死。

热害：因持续高温致使植株蒸腾过量，营养运输受阻，生长衰弱，多发生在植株中、上部叶片和幼苗上，接近或触及棚膜的叶片最易发生。发病初期叶片被灼部位叶绿素明显减少，病叶褪绿发白，后变黄褐色枯死。轻微时，被灼烧部位仅产生较小的斑块，受害严重的整个叶片灼伤变成漂白色，黄化、疱状外翻。

日灼：夏季阴雨突然放晴后，或超高温强光，造成枝叶脆裂或白化灼伤，主要发生在夏季露地西瓜、甜瓜生长中后期的果实上，果实被强光照射后，出现白圆形或椭圆形至不规则形大小不等的白斑，病部上常腐生有杂菌。

涝害：暴雨、水灾后植株长时间泡淹，除水对植株的机械冲击破坏外，涝害还易造成根系窒息缺氧而烂根，植株黄化和萎蔫，并感染多种病害。

（3）虫害。虫害的发生往往能在植株上看到害虫或观察到其为害的表现。蚜虫、棉铃虫等刺吸、啃食、咀嚼引起的植株异常生长和伤害现象，有虫体或排泄物可见；天气相对干旱且温暖时，叶片上有由黄白色失绿斑点组成的黄斑，整个叶片僵硬或扭曲，植株生长缓慢，通常叶片背面有叶螨、白粉虱、蓟马等刺吸式口器的小型害虫；气温高且闷热的环境下，作物顶端嫩叶小、黑、僵、卷，如叶片背面有油点，幼果上有皴状斑块，多为茶黄螨的为害所致；植株矮小、叶色偏黄，叶片背面和正面既无害虫也无霉、粉、点状物，茎秆、根部出现异常，多为地下害虫为害；蝼蛄为害的植物根系呈乱麻状；金针虫往往在植物地下器官上“穿”“钻”成多个孔洞；蛴螬则在作物的根或地下茎等器官上“挖”成“坑”；低龄地老虎幼虫在植物幼苗嫩叶上咬成针孔状花叶；大龄地老虎幼虫往往是从植物接近地面的茎基部“下口”切断茎秆并拖到虫穴处。

（4）机械损伤。冰雹或机械操作造成的损害往往是植株枝叶破损，果实在膨大过程中，局部瓜面受到机械损伤时，受损伤的一面多生长缓慢，从而形成歪瓜。

2. 易混淆生长异常的区别

（1）药害与病害引起生长异常的区别。药害与生理性病害、真菌性病害引起叶片斑点的区别：药害在植株上的分布往往没有规律性，全田亦表现有轻有重，斑点大小、形状变化大（图7–1）；生理性病害通常发生普遍，植株出现症状的部位较一致（图7–2）；真菌性病害具有发病中心，斑点形状较一致（图7–3）。

图 7-1　药害

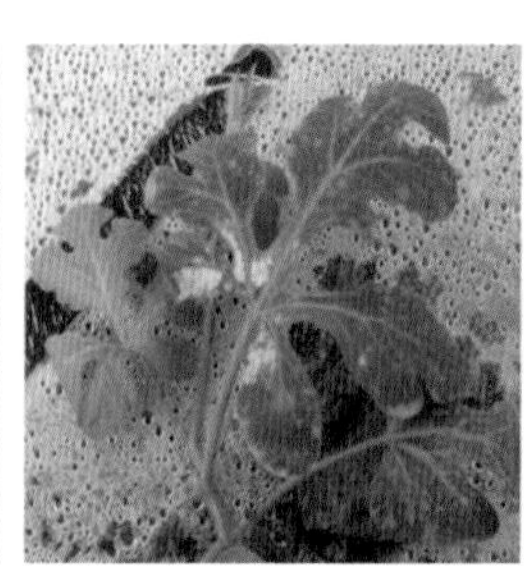

图 7-2　生理性病害

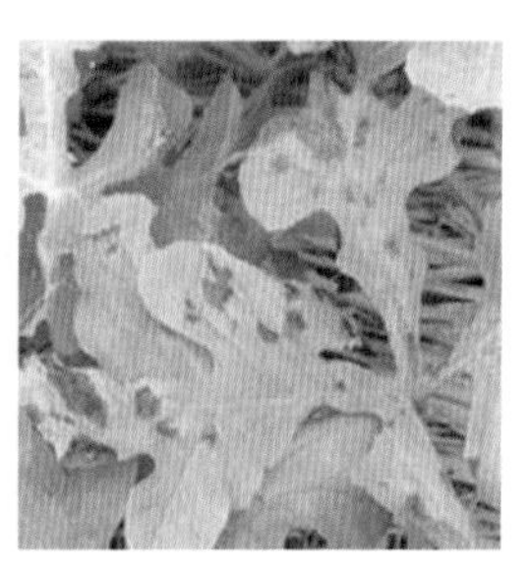

图 7-3　真菌性病害

药害与病毒病引起叶片畸形的区别：前者发生具有普遍性，在植株上表现局部症状（图7–4）；后者往往零星发病，表现系统性症状，常在叶片混有碎绿、明脉、皱叶等症状（图7–5）。

图 7-4　药害引起叶片畸形

图 7-5　病毒病引起叶片畸形

药害与侵染性病害引起枯萎症状的区别：前者没有发病中心，且大多发生过程迟缓，先黄化、后死株，根茎输导组织无褐变（图7–6）；后者多是根茎部输导组织堵塞，在阳光充足、蒸发量大时先萎蔫，后失绿死株，根基导管常有褐变（图7–7）。

图 7-6　药害引起枯萎

图 7-7　侵染性病害引起枯萎

药害与病害引起劣果的区别：前者只有病状，无病症，除劣果外，亦表现出其他药害症状；后者有病状，多数有病症，而一些没有病症的病毒性病害，往往表现系统性症状，或不表现其他症状。

药害与缺乏营养元素、病毒病引起的叶片黄化的区别：药害往往由黄叶发展成枯叶，阳光充足的天气多，黄化产生快（图7–8）；缺乏营养元素而出现的叶片黄化阴雨天多发生，黄化产生慢，且黄化常与土壤肥力和施肥水平有关，在全田黄苗表现有一致性（图7–9）；病毒病引起的黄叶常有碎绿状表现，且病株表现系统性病状，病株与健株混生（图7–10）。

图 7–8　药害引起叶片黄化

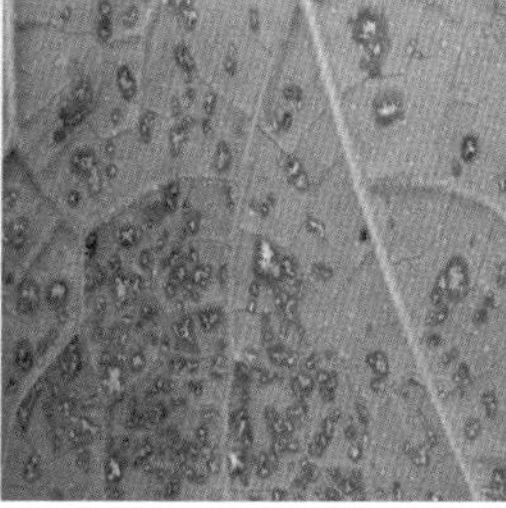

图 7–9　元素缺乏引起叶片黄化

图 7–10　病毒病引起叶片黄化

（2）常见病害引起生长异常的区别。霜霉病、细菌性角斑病与靶斑病引起叶片病斑的区别：霜霉病病斑一般比较大，且颜色较深，初呈黄色，后期呈黑褐色，发病后期遇到高湿气候可以看到病斑背面有灰黑色霉层，对光照，无透光感（图7–11）；细菌性角斑病病斑一般都比较小，且病斑颜色都较浅，多呈浅褐色或灰白色，潮湿时病斑背面可见到污白色或蛋清状菌脓，滴一滴清水在上面，则会变浑浊，对着光观察呈半透明状，易穿孔（图7–12）；靶斑病叶正面病斑粗糙不平，病斑整体褐色，中央灰白色、半透明，后期病斑中央有一明显的眼状靶心，湿度大时病斑上可生有稀疏灰黑色霉状物，呈环状（图7–13）。

图 7-11　霜霉病引起叶斑

图 7-12　细菌性角斑病引起叶斑

图 7-13　靶斑病引起叶斑

枯萎病、根腐病、青枯病与根结线虫引起植株萎蔫的区别：枯萎病维管束变为褐色或黑褐色，且从根部向茎部蔓延，茎基部常出现半边纵裂，有胶质溢出，潮湿时病部常长出白色或粉红色霉层（图7-14）；根腐病茎部缢缩不明显，病部腐烂处的维管束变为褐色，不向上发展（图7-15）；青枯病植株死后，叶片不变黄，整株表现青枯症状，病茎切口处，用手挤压后，有浑浊水滴（图7-16）；根结线虫引起叶片比正常植株的叶片小，地下部须根减少，根上形成串珠状的虫瘤，地上部植株明显生长不良（图7-17）。

图 7-14　枯萎病引起植株萎蔫

图 7-15　根腐病引起植株萎蔫

图 7-16　青枯病引起植株萎蔫

图 7-17　根结线虫引起植株萎蔫

猝倒病与立枯病引起植株枯死的区别：前者一般在3片真叶之前发病，特别是刚出土的幼苗最易发病，幼苗猝倒死亡，将病苗拔起，潮湿时可见白色絮状物（图7–18）；后者一般在3片真叶之后发病，幼苗直立死亡，将病苗拔起，潮湿时可看到浅褐色蛛丝网状的霉层（图7–19）。

图 7-18　猝倒病引起植株枯死

图 7-19　立枯病引起植株枯死

蔓枯病与炭疽病引起茎蔓病斑的区别：前者多在茎基部和节部感病，病斑椭圆形至梭形，病部灰白色，有琥珀色胶物质溢出，后期病茎干缩，纵裂呈乱麻状，严重时导致烂蔓，病斑上均生有黑色小粒点（图7–20）；后者在主蔓及叶柄上的病斑呈椭圆形，黄褐色，病斑凹陷，严重时病斑连成片（图7–21）。

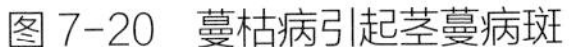

图 7-20　蔓枯病引起茎蔓病斑

图 7-21　炭疽病引起茎蔓病斑

菌核病、黑星病、炭疽病、蔓枯病、细菌性病害为害果实引起病斑的区别：菌核病流胶发生部位在花下部，开始流胶多呈白色小米粒状，湿度大时胶粒上可生白霉，最后变成鼠粪状菌核，导致果实腐烂（图7–22）；黑星病病斑初为圆形或椭圆形褪绿小斑，呈星状开裂，病斑处溢出透明胶状物，后变为琥珀色，凝结成块，病瓜一般不腐烂，高湿时病斑上长出灰黑色霉层（图7–23）；炭疽病病斑呈圆形凹陷，水浸状、褐色，易出现琥珀色流胶，潮湿时病斑上生出粉红色的黏稠物（图7–24）；蔓枯病产生黄色褪绿斑，病斑凹陷呈褐色，病斑从果实表面侵染，一般不向果实内部蔓延，有时溢出琥珀色流胶（图7–25）；溃疡病、缘枯病、果斑病等细菌性病害果实上出现白色菌脓，不易流淌，流脓处伤口不明显，与胶状物的区别是不易凝固，颜色一般为白色，时间长了能造成瓜条腐烂，有恶臭气味，纵剖果实内部可发现坏死腐烂（图7–26至图7–28）。

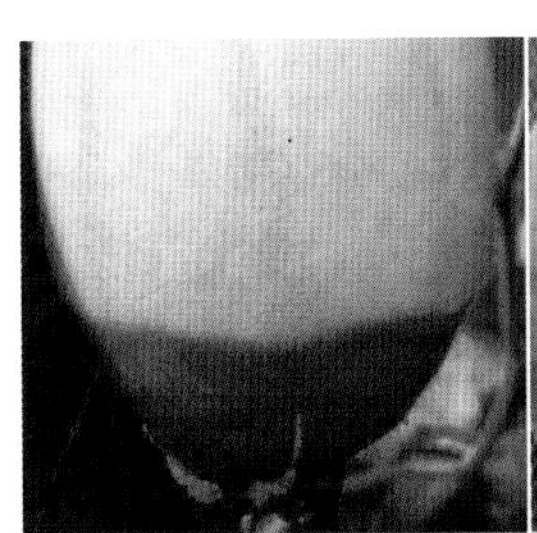

图 7-22　菌核病引起果实病斑

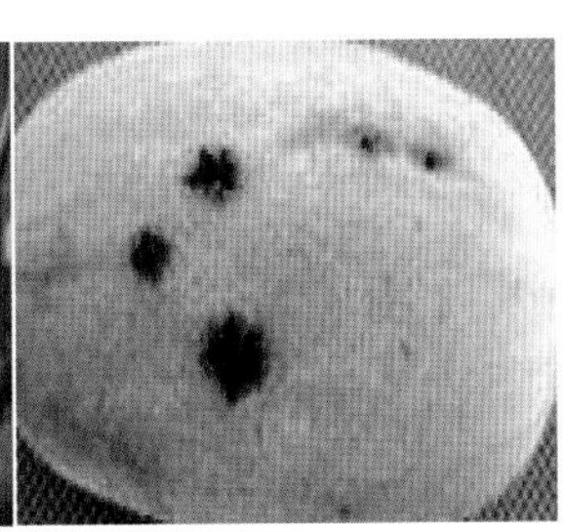

图 7-23　黑星病引起果实病斑

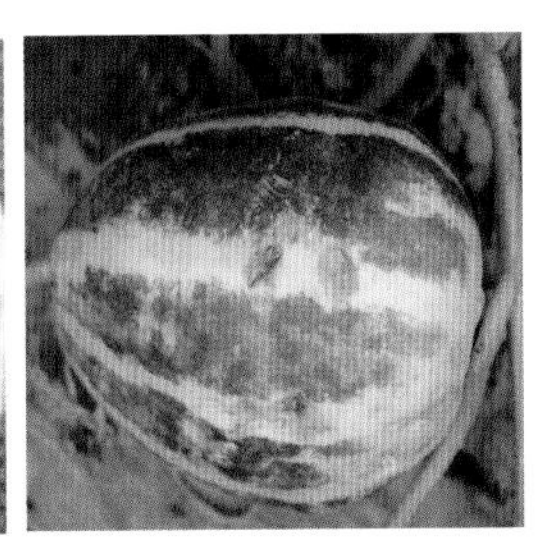

图 7-24　炭疽病引起果实病斑

图 7-25　蔓枯病引起果实病斑

图 7-26　溃疡病引起果实病斑

图 7-27　缘枯病引起果实病斑

图 7-28　果斑病引起果实病斑

灰霉病、笄霉果腐病与菌核病引起烂花和烂果的区别：灰霉病由病花向幼瓜蒂部扩展，渐成水渍状湿腐、萎缩，产生灰色霉层（图7-29）；笄霉果腐病斑上生白色霉层，梗端着生头状黑色孢子，腐烂发生不限于花下部，扩展后蔓延到幼果，引起果腐（图7-30）；菌核病感染花部后，病部长出白色菌丝，后期可见黑色菌核（图7-31）。

疫病、菌核病、溃疡病引起茎蔓枯死的区别：疫病茎染病初生椭圆形水浸状暗绿斑，凹陷缢缩，呈暗褐色似开水烫过，包围茎部且腐烂，病部以上全部枯死，湿度大时长出白色短棉毛状霉，干燥条件下产生白霜状霉层（图7-32）；菌核病侵染茎蔓，初呈水浸状，病部变褐，湿度大时病部软腐，表面长有白色絮状霉层，可出现鼠粪状的颗粒，病部以上茎蔓及叶片因失水而凋萎枯死（图7-33）；溃疡病侵染

图 7-29　灰霉病烂花和烂果

图 7-30　笄霉果腐病烂花和烂果

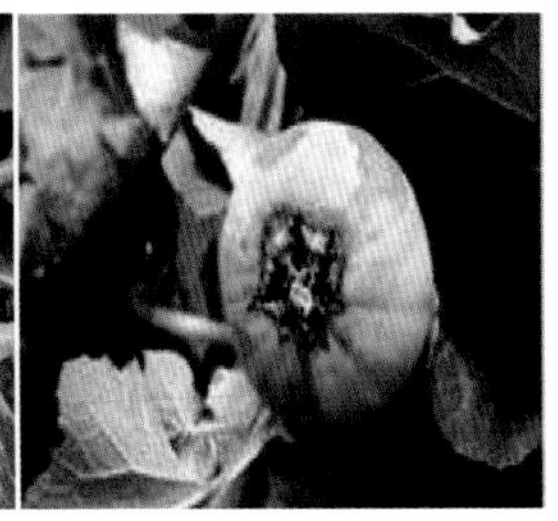
图 7-31　菌核病烂花和烂果

茎蔓，初期茎蔓有深绿色小点，病菌迅速向上下扩展，逐渐整条蔓呈水浸状深绿色，有时茎蔓部会流出白色胶状菌脓，很快整条蔓出现空洞，烂得像泥一样，有恶臭气味，最终全株枯死（图7–34）。

图 7-32　疫病引起茎蔓枯死

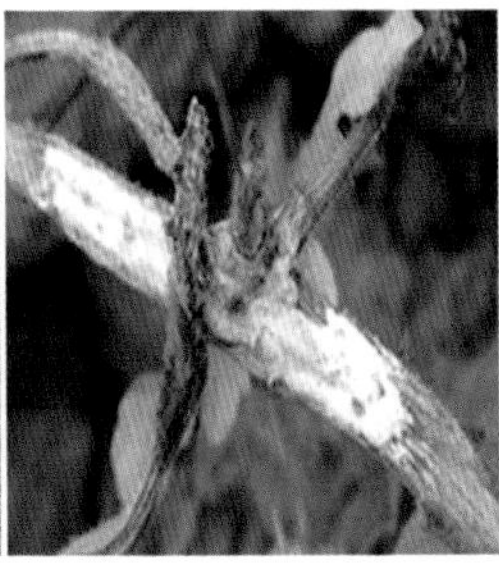
图 7-33　菌核病引起茎蔓枯死

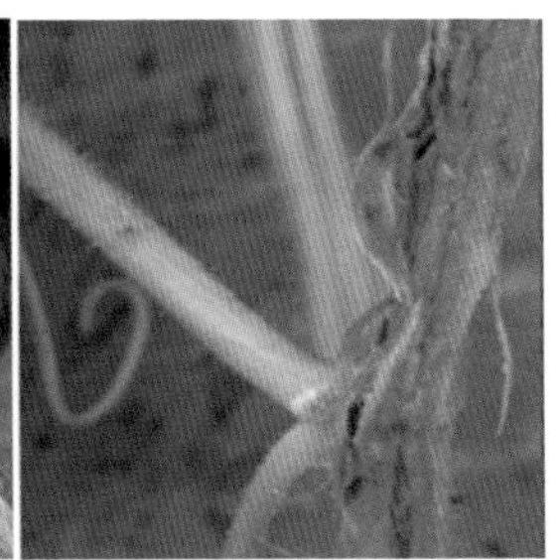
图 7-34　溃疡病引起茎蔓枯死

绵疫病、白绢病与疫病引起烂果的区别：绵疫病易侵染近地面的果面，果实上先出现水浸状病斑，而后软腐，湿度大时长出白色茸毛状菌丝，后期病瓜腐烂，有臭味（图7–35）；白绢病主要侵害近地面果实，病部变褐，边缘明显，病部亦长出白色绢丝状菌丝体，菌丝向果实靠近的地表扩展，后期病部产出茶褐色萝卜籽状小菌核，湿度大时病部腐烂（图7–36）；疫病果实染病，病部出现暗绿色水浸状凹陷斑，后迅速扩至全果，使果实腐烂，并发出腥臭味。在潮湿条件下，病部表面长出稀疏的灰白色霉层（图7–37）。

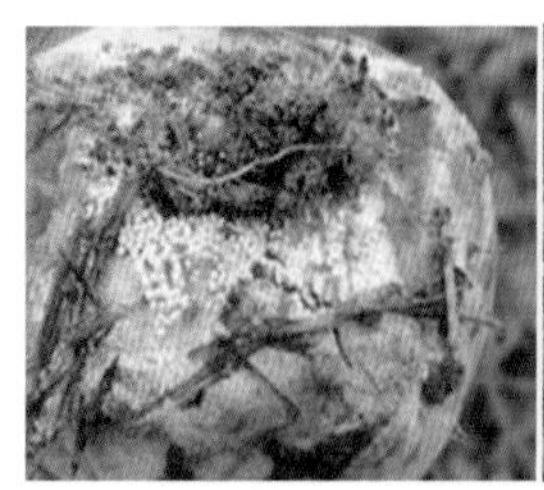
图 7-35　绵疫病引起烂果

图 7-36　白绢病引起烂果

图 7-37　疫病引起烂果

细菌性软腐病与细菌性果斑病引起果实腐烂的区别：前者侵染后的果实初始表现为暗绿色或深绿色水渍状病斑，病斑扩大后，病部位会出现凹陷，有软化现象，发病部位有水渍状晕圈，染病果实由外向内腐烂变质（图7–38）；后者果实出现无规律分布的小黄点，病果由外向内腐烂变质，部分果实外部完好，内部腐烂（图7–39）。

图 7-38　细菌性软腐病引起果实腐烂

图 7-39　细菌性果斑病引起果实腐烂

叶斑病与坏死斑点病毒病引起叶片坏死的区别：前者初在叶片上出现暗绿色近圆形病斑，略呈水渍状，以后发展成黄褐色至灰白色不定形坏死斑，边缘颜色较深，病斑大小差异较大，空气潮湿时病斑上产生灰褐色霉状物（图7–40）；后者叶片上形成小斑点或不规则形大病斑，并沿叶脉出现坏死斑点（图7–41）。

图 7-40　叶斑病引起叶片坏死

图 7-41　坏死斑点病毒病引起叶片坏死

（3）常见虫害引起生长异常的区别。蝼蛄、蛴螬、地老虎、金针虫等地下害虫对幼苗为害区别：蝼蛄成虫和若虫在土中咬食刚播下的种子及幼芽，或将幼苗咬断，造成死苗，受害的根部呈乱麻状，其活动时在表土下造成许多隧道，使苗土分离，失水干枯而死，造成缺苗断垄（图7-42）；蛴螬主要取食瓜类的地下部分，尤其喜食柔嫩多汁的各种苗根，咬断幼苗的根、茎，可使幼苗致死，造成缺苗断垄，咬断处切口整齐（图7-43）；地老虎低龄幼虫取食植株地上部分的顶芽和嫩尖，可爬到瓜苗的幼嫩部分将其咬断，将短苗拖到洞口取食，致使整株死亡（图7-44）；金针虫咬食幼苗须根、主根或茎地下部分，被害部不整齐而呈丝状，食茎时先咬成缺刻，再沿着茎向上钻蛀至表土，使幼苗整株枯死，造成缺苗断垄（图7-45）。

图 7-42　蝼蛄对幼苗为害

图 7-43　蛴螬对幼苗为害

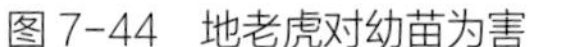

图 7-44　地老虎对幼苗为害

图 7-45　金针虫对幼苗为害

种蝇、黄条跳甲、黄守瓜幼虫为害根茎的区别：种蝇幼虫自根茎部蛀入，顺着茎向上为害，被害苗倒伏死亡，再转移到邻近的幼苗，常出现成片死苗（图7–46）；黄条跳甲幼虫为害根部，将瓜根表皮蛀成许多弯曲的虫道，咬断须根，使地上部分叶片发黄萎蔫而死（图7–47）；黄守瓜2龄前幼虫主要为害细根，3龄以上幼虫食害主根，导致瓜苗整株枯死（图7–48）。

图 7-46　种蝇对根茎为害　图 7-47　黄条跳甲对根茎为害　图 7-48　黄守瓜对根茎为害

蚜虫、粉虱、蓟马、螨类等微小害虫为害叶片的区别：蚜虫在叶片背面、嫩头群集为害，使瓜叶畸形、卷缩，还排泄大量蜜露（图7–49）；粉虱在叶背刺吸植物汁液为害，分泌蜜露造成煤污病（图7–50）；蓟马锉吸寄主植物的嫩梢、嫩叶的汁液，使叶片僵硬、缩小、增厚（图7–51）；在叶脉间留下银灰色伤斑，叶背还常出现黑色分泌物；在叶背刺吸叶片汁液并吐丝结网，严重者导致叶片失绿枯死，干枯脱落（图7–52）。

图 7-49　蚜虫对叶片为害

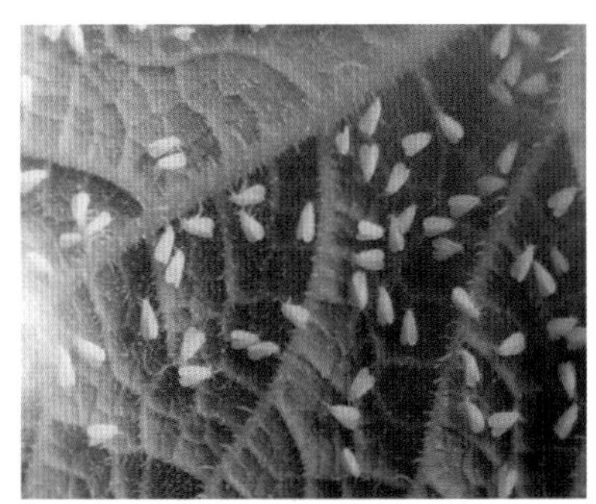

图 7-50　粉虱对叶片为害

图 7-51　蓟马对叶片为害

图 7-52　螨类对叶片为害

蜗牛、黄守瓜、瓜绢螟、斜纹夜蛾、菜青虫为害叶片的区别：蜗牛食叶茎，出现孔洞或缺刻，严重时仅剩余叶脉，苗床内从种子萌发到子叶期被害，可被全部吃光（图7–53）；黄守瓜取食叶片时，以身体为中心旋转咬食一圈，然后在圈内取食，使叶片残留若干干枯或半圆形食痕或圆形空洞（图7–54）；瓜绢螟取食叶片下表皮及叶肉，仅留上表皮，虫龄增大后，将叶片吃成缺刻，仅留叶脉（图7–55）；斜纹夜蛾取食叶肉呈筛状小孔，留下叶脉和表皮，形成筛网状花叶，虫龄大时叶片上形成缺刻或小孔，严重时整片叶子被吃光（图7–56）；菜青虫幼虫在叶背啃食叶肉，留下一层薄而透明的表皮，3龄以上的幼虫把叶片吃成孔洞或缺刻，严重时吃光叶片，仅剩叶脉和叶柄（图7-57）。

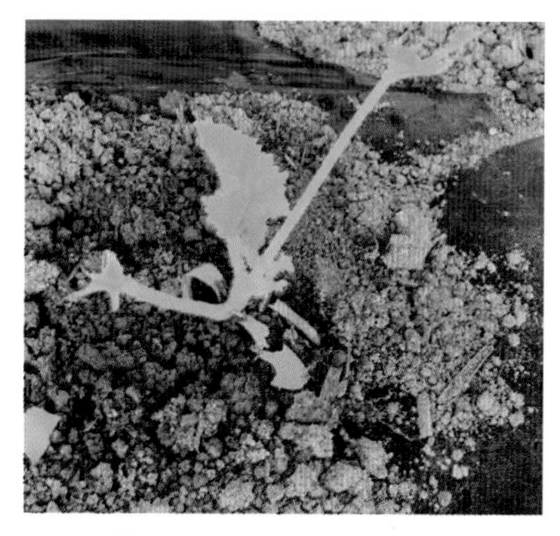

图 7-53　蜗牛对叶片为害

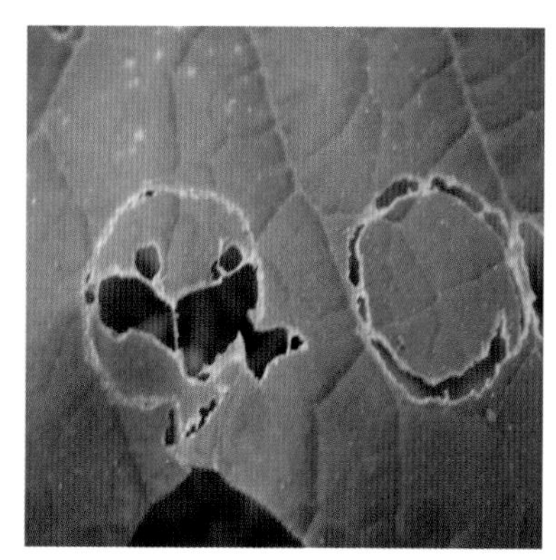

图 7-54　黄守瓜对叶片为害

图 7-55　瓜绢螟对叶片为害　图 7-56　斜纹夜蛾对叶片为害　图 7-57　菜青虫对叶片为害

瓜实蝇、瓜绢螟、烟青虫等钻蛀害虫为害果实的区别：瓜实蝇以产卵管刺入幼瓜表皮，受害瓜先局部变黄，而后全瓜腐烂变臭，大量落瓜，即使不腐烂，刺伤处凝结着流胶，畸形下陷，果皮硬实，瓜味苦涩（图7-58）；瓜绢螟取食瓜的表皮，呈花斑状，或将整个瓜的表皮吃掉，呈麻皮状，而后钻入瓜内，取食皮下瓜肉，使瓜腐烂变质（图7-59）；烟青虫全身蛀入果内，果实外可见孔沿，啃食并排泄大量粪便，果表仅留1个蛀孔，果内积满虫粪和蜕皮（图7-60）。

图 7-58　瓜实蝇对果实为害

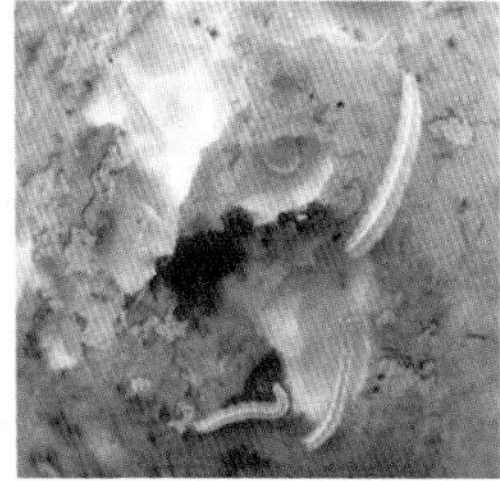

图 7-59　瓜绢螟对果实为害

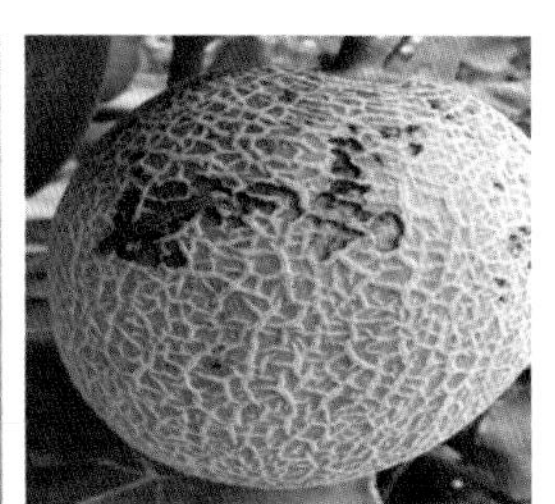

图 7-60　烟青虫对果实为害

（4）常见病害与虫害引起生长异常的区别。茶黄螨与病毒病引起生长异常的区别：前者被害叶片变黄、增厚、变硬，背面呈油渍状，叶缘变钝上卷，正面小叶叶脉模糊，背面叶脉突出，后期随着为害加重，逐渐呈现“花打顶”症状（图7–61）；后者叶片黄绿相间，叶脉时有断裂，不增粗，小叶叶缘上卷，叶面不平整，严重的顶部叶片呈明暗相间的褪绿状，明脉，病株呈点状分布，逐渐向周围扩散，有时会出现植株矮化的情况（图7–62）。

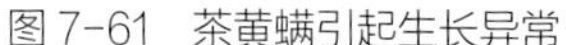

图 7-61　茶黄螨引起生长异常

图 7-62　病毒病引起生长异常

瓜实蝇与蔓枯病为害果实的区别：前者受害的瓜先局部变黄，而后全瓜腐烂变臭，造成大量落瓜，即使不腐烂，刺伤处也凝结着流胶，畸形下陷（图7–63）；后者病斑圆形，初呈油渍状，浅褐色略下陷，后变为苍白色，斑上生有很多小黑点，出现不规则圆形龟裂斑（图7–64）。

图 7-63 瓜实蝇对果实为害

图 7-64 蔓枯病对果实为害

蓟马与灰霉病引起落花落果的区别：前者引起幼瓜畸形，表面常留有黑褐色疙瘩，瓜形萎缩，严重时造成落果（图7-65）；后者初期多从开败的花开始侵染，逐渐向果蒂方向扩展，使果实呈水渍状软腐，在病组织表面产生灰色霉层，引起落果（图7-66）。

图 7-65 蓟马引起落花落果

图 7-66 灰霉病引起落花落果

微小害虫与坏死斑点病毒病造成叶片斑点的区别：微小害虫如蚜虫、蓟马、飞虱等通过刺吸式口器为害叶片后留下较小的斑点，一般在叶片上呈现不均匀分布（图7-67）；坏死斑点病毒病叶片上形成小斑点或不规则形大病斑，并沿叶脉出现坏死斑点（图7-68）。

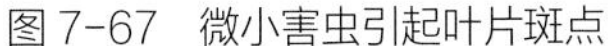
图 7-67　微小害虫引起叶片斑点

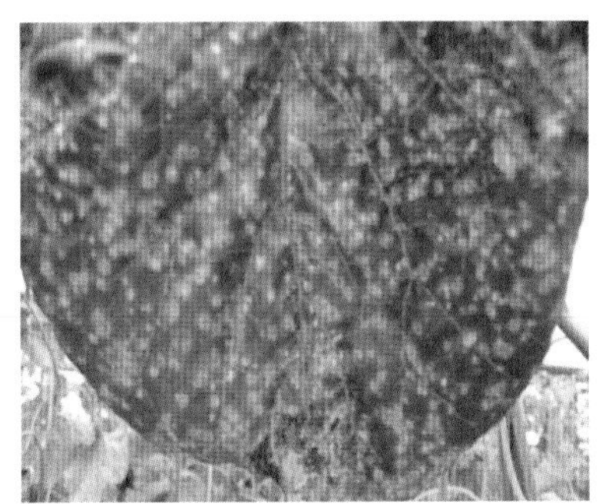
图 7-68　坏死斑点病毒病引起叶片斑点

（5）生理性障碍引起植株生长异常。元素缺乏引起植株生长异常的区别：缺氮时叶子变淡绿色或黄色，逐渐干枯或老叶脱落；缺磷时茎叶变细，生长迟缓，叶变成无光泽的深绿色小叶，叶柄带紫色，根系发育不良，植株矮小；缺镁时老叶先表现为缺绿症状，逐渐波及嫩叶，叶肉褪绿而叶脉保持绿色，严重时枯萎落叶；缺硫时叶脉呈淡绿色，但组织不衰老，茎加粗受阻，一般多从幼嫩部分开始；缺铁时嫩叶的叶脉间褪绿，呈黄白色，严重时全叶变为黄白色，干枯；缺硼时主茎和侧枝的生长点萎缩、变褐、干枯，株型呈丛状，叶身和叶柄弯曲，产生“叶烧”病状，根生长受阻，严重时根变褐、腐败；缺锰时先嫩叶、后老叶出现缺绿症状，或产生褐色斑点、落叶，茎上部变褐枯死；缺铜时生长弱、叶失绿、叶尖变白；缺锌时叶色变黄或青铜色，有斑点。

沤根与烧根的区别：前者根毛停止生长，并由乳白色变成铁锈色，侧根以至主根表皮也逐渐变成铁锈色，植株生长缓慢，严重时根系表皮腐烂，不发生新根，幼苗萎蔫，主要是由于床土温度低、湿度过大、底水又大造成的（图7-69）；后者根系发黄，不发新根，但不烂根，地上部生长缓慢，植株矮小脆硬，形成小老苗，主要是施肥过多及土壤干燥造成的（图7-70）。

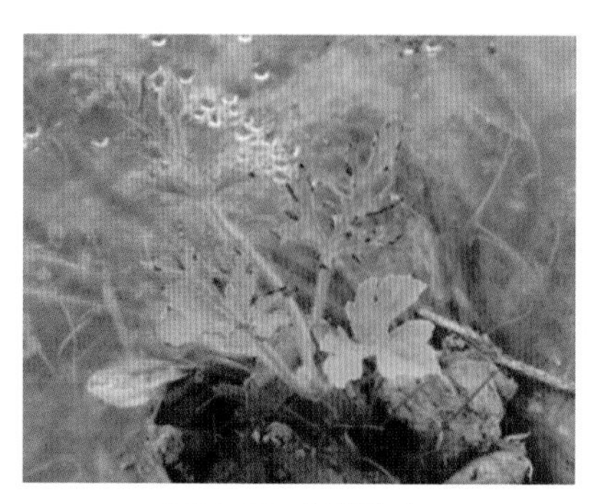

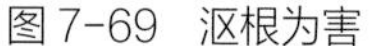

图 7-69　沤根为害

图 7-70　烧根为害

低温、缺肥、缺水、高温及温度骤变引起植株生长异常的区别：苗床温度过低引起子叶与叶片小，颜色深，暗淡无光，下胚轴及茎基部节间短，生长缓慢（图7-71）；缺肥引起叶片小而黄，生长比较缓慢（图7-72）；缺水引起叶色暗绿，生长缓慢；苗床高温引起子叶上翘，叶片小，颜色发黄，向上卷起，有的边缘干枯，重者整叶枯死（图7-73）；苗床温度骤变引起子叶边缘出现白边，或叶片边缘干枯，通风口处表现严重，通常由于猛然进行大量放风引起（图7-74）。

图 7-71　低温引起植株生长异常

图 7-72　缺肥引起植株生长异常

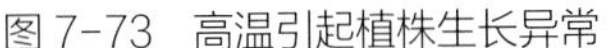

图 7-73　高温引起植株生长异常

图 7-74　温度骤变引起植株生长异常

环境不良与激素不均匀引起果实畸形的区别：生育前期遇不良的环境条件如低温、干燥、光照不足，后期条件改善又继续发育，结成扁平瓜、大肚瓜，当果实发育后期遇到低温、干燥，则往往形成尖嘴瓜（图7-75）；激素不均匀通常果实发育不平衡，授粉充分的一侧发育正常而另一侧发育停止，形成偏头畸形瓜（图7-76）。

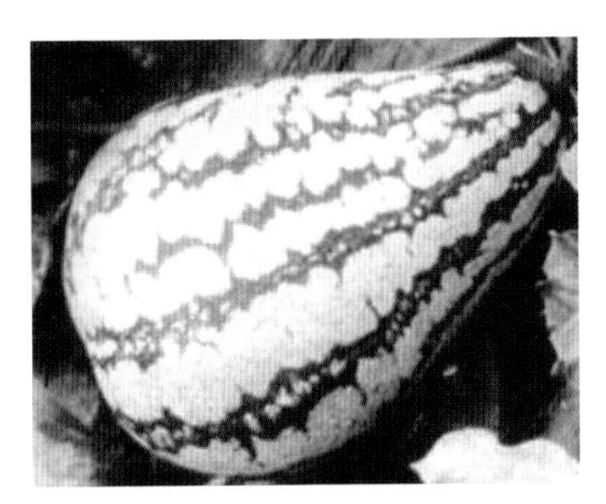

图 7-75　环境不良引起畸形瓜

图 7-76　激素不均匀引起畸形瓜

冻害和缺硼引起植株生长异常的区别：冻害造成顶芽冻死，生长停止，叶片受冻，边缘上卷，失绿，甚至发黄或发白，严重时干枯，叶柄和茎秆部位在冻害初期常常出现紫红色，严重时变黑枯死（图7-77）；缺硼造成主茎和侧枝的生长点萎缩、变褐、干枯，株型呈丛状，叶身和叶柄弯曲，产生“叶烧”状（图7-78）。

图 7-77 冻害引起植株生长异常

图 7-78 缺硼引起植株生长异常

（6）其他生理障碍与病害引起生长异常的区别。肥害与土传病害引起死苗的区别：前者为害造成的死苗，往往是全田性的或成片的，死苗往往自施肥种植（移栽）后的15天左右开始，延至40天、50天，之后不再死苗，用药灌根常常是越灌越严重（图7-79）；土传病害为害造成的死苗往往是点片发生的，起初发生萎蔫，反复几天后造成植株枯死（图7-80）。

图 7-79 肥害引起死苗

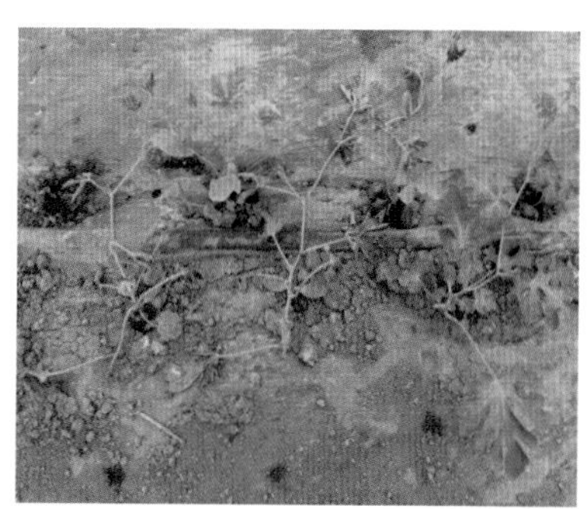

图 7-80 土传病害引起死苗

沤根与猝倒病引起死苗的区别：前者幼苗根部呈褐色腐烂，不发新根，地上部叶片色泽较淡或萎蔫，发育缓慢，病苗容易拔起，严重时成片幼苗干枯，通常是土温过低、高湿和光照不足所致的一种生理性病害（图7-81）；后者病苗茎基像开水烫过，病部缢缩形似线，初发倒伏个别点，严重时倒伏一大片，病残体及周围床土上可生一层絮状白霉（图7–82）。

图 7–81　沤根引起死苗

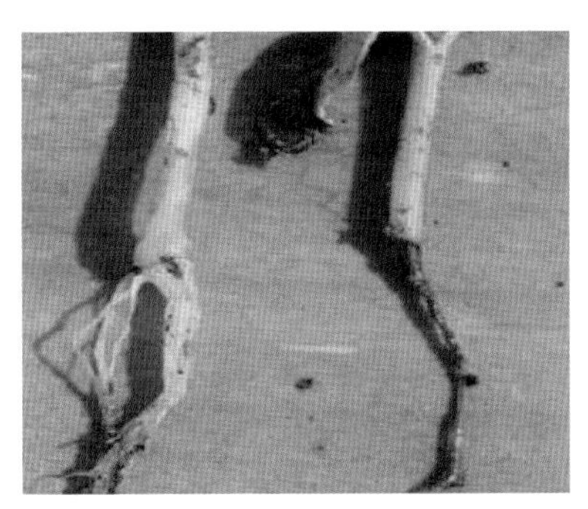

图 7–82　猝倒病引起死苗

盐害、干旱与枯萎病引起植株萎蔫的区别：盐害引起植株矮小、发育不良、叶色浓，严重时从叶片开始干枯或变褐色，向内或向外翻卷，茎基萎缩变细，根系赤黑（图7–83）；干旱导致植株暂时缺水萎蔫，若及时补水，则可恢复正常（图7–84）；枯萎病病势发展急剧，常有“半边枯”现象出现，或叶和蔓茎可突然由下而上全部萎蔫，表皮多纵裂，常有树脂状胶质溢出，皮层腐烂与木质部剥离，根部腐烂易拔起，在潮湿条件下，病部表面可产生白色或粉红色霉层（图7–85）。

图 7–83　盐害引起植株萎蔫

图 7–84　干旱引起植株萎蔫

图 7–85　枯萎病引起植株萎蔫

冷害、疫病与肥害引起叶片干枯的区别：冷害起初引起叶片黄化，后期叶片边缘变褐，由上部叶片开始发生，多集中于风口处（图

7-86）；疫病发病初期像开水烫过一样，叶片无明显病斑，出现明显白色霉层，由下部叶片开始发生（图7-87）；肥害叶片边缘开始出现水渍状变褐，严重时出现枯焦并向中间蔓延，由下部叶片开始发生，全田均匀分布（图7-88）。

图 7-86　冷害引起叶片干枯

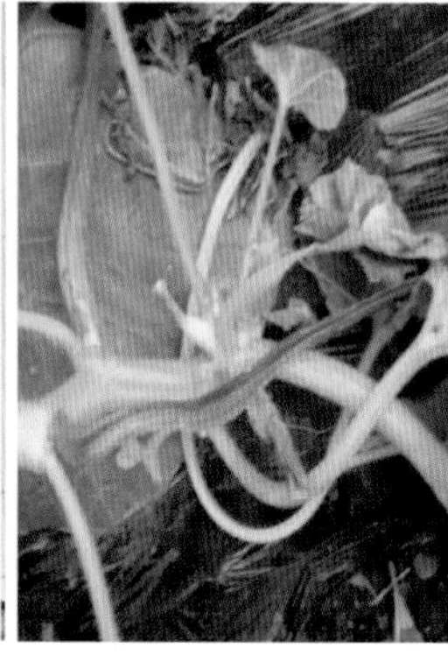

图 7-87　疫病引起叶片干枯

图 7-88　肥害引起叶片干枯

高温障碍与炭疽病引起果实病变的区别：前者初期受害果实表皮呈灰白色革质状，表面变薄、皱缩，细胞组织坏死、发硬，像被开水烫过一样（图7-89）；炭疽病侵染未成熟的果实，初期呈现为淡绿色水渍状圆形小斑点，侵染成熟的果实，初期为凸起病斑，后期扩大为褐色凹陷，并环状排列许多小黑点（图7-90）。

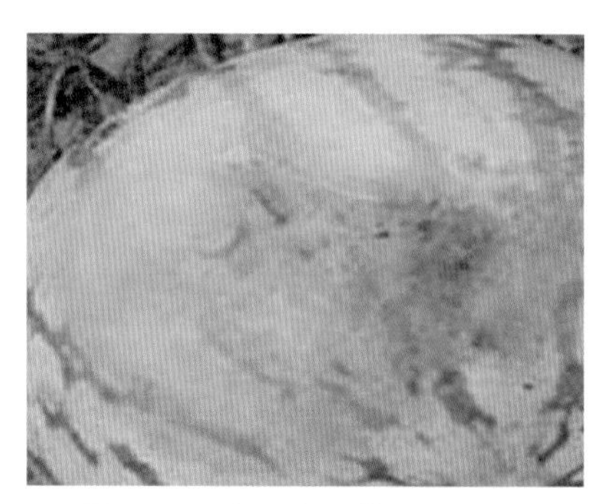

图 7-89　高温障碍引起果实病变

图 7-90　炭疽病引起果实病变

生理性障碍与病毒病引起肉质恶变的区别：前者由于长时间高温或日照，导致养分、水分受阻，果柄或果面上初呈水浸状病斑，无光泽，割开西瓜果肉伴有水渍状小片或连片，尤其在瓜种子的四周像注水西瓜似的，多从种子部分开始发生，严重的病瓜常伴有软腐病菌侵染，形成溃疡或裂口，果肉腐烂（图7–91）；后者可引起西瓜果实变成水瓤瓜，瓤色常呈暗红色，通常伴随植株发病（图7–92）。

图 7-91　生理性障碍引起肉质恶变

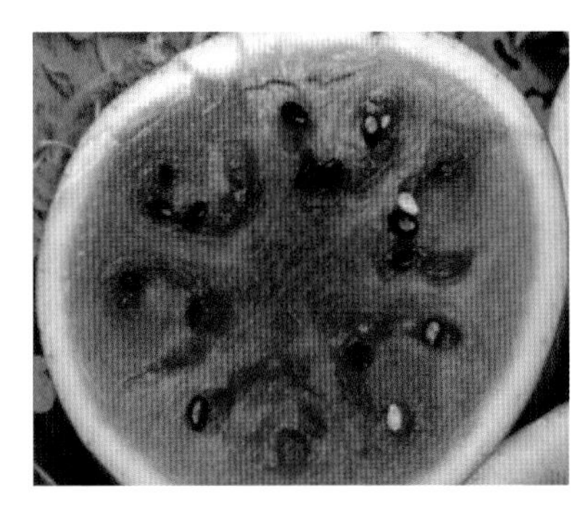

图 7-92　病毒病引起肉质恶变

带“帽”出苗、褐腐病与细菌性果斑病引起苗期叶片腐烂的区别：带“帽”出苗时子叶不能正常伸展，时间过长，引起子叶腐烂，多从叶缘开始，呈圆形，一般不向内部发展（图7–93）；褐腐病侵染子叶和真叶，病斑开始为点状，褐色，水渍状，后发展成不规则形软腐斑，浅褐色或褐色，病斑可以连成大斑，叶片干枯（图7–94）；细菌性果斑病病斑为暗棕色，且沿主脉逐渐发展为黑褐色坏死斑，随后侵染真叶，病斑在幼真叶上很小，暗棕色，周围有黄色晕圈，通常沿叶脉发展（图7–95）。

缺镁与病毒病引起叶片黄化的区别：前者叶片黄化，通常下位叶的表面呈现出异常，叶脉间的绿色部分渐渐变黄，除叶缘会残留一点绿色部分外，叶脉间均已经黄化（图7–96）；后者黄叶常有碎绿状表现，且病株表现系统性病状，病株与健株混生，叶片黄化部位没有规律性，整个叶片可能一部分黄化，一部分正常（图7–97）。

图 7-93　带“帽”出苗引起叶片腐烂

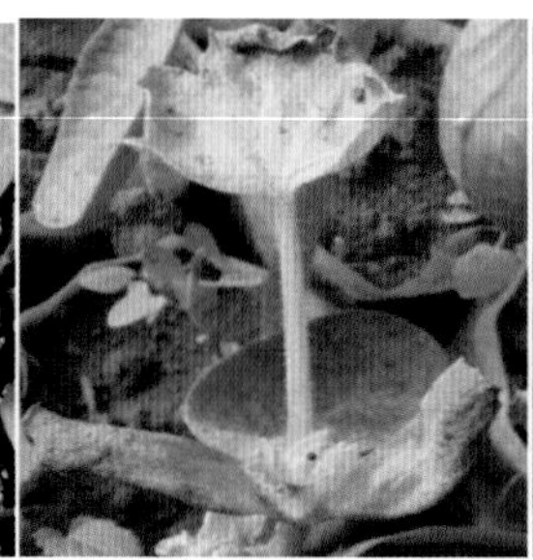

图 7-94　褐腐病引起叶片腐烂

图 7-95　细菌性果斑病引起叶片腐烂

图 7-96　缺镁引起叶片黄化

图 7-97　病毒病引起叶片黄化

缺锌与病毒病引起小叶的区别：前者一般表现为小叶症状，不会表现明脉情况，植株上下叶片颜色基本相同（图7-98）；后者也会出现小叶，但有明脉现象，且出现小叶症状的部位与中下部颜色不同（图7-99）。

图 7-98　缺锌引起小叶

图 7-99　病毒病引起小叶

缺钙与病毒病引起植株生长异常的区别：前者生长点会出现萎蔫坏死，幼叶会卷曲畸形，叶缘变黄并会逐渐坏死，植株易出现未老先衰（图7-100）；后者出现不规则褪绿、浓绿与淡绿相间的斑驳，病叶畸形皱缩，叶明脉，植株生长缓慢或矮化（图7-101）。

图 7-100　缺钙引起植株生长异常

图 7-101　病毒病引起植株生长异常

缺硼与病毒病引起植株生长异常的区别：前者新梢附近茎部易断，有褐色黏稠状物流出，花少或不开花，花器发育不良或畸形，难以坐瓜，或坐瓜后导致畸形瓜多或形成空心瓜，严重发生会导致生育衰退甚至停止（图7-102）；后者没有发病中心时叶脉轻微褪绿、新生茎蔓纤细、扭曲，有发病中心时，会逐渐向四周蔓延（图7-103）。

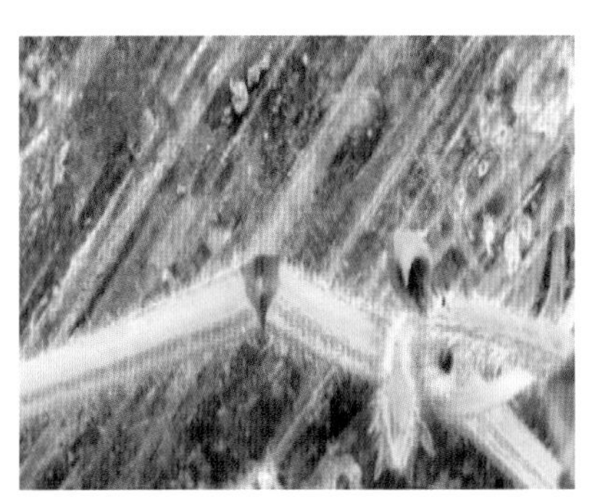
图 7-102　缺硼引起植株生长异常

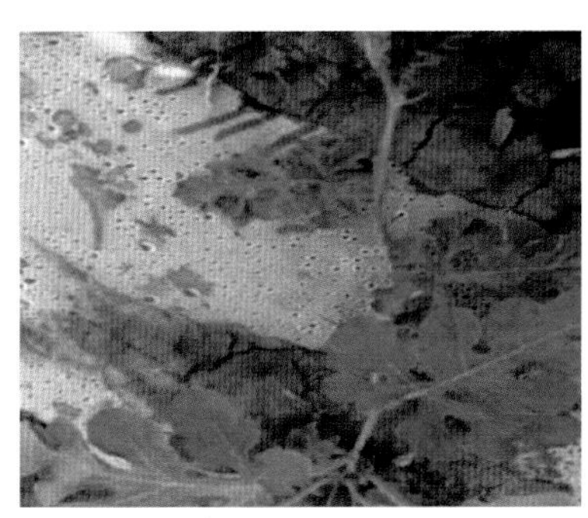
图 7-103　病毒病引起植株生长异常

（7）病害与机械损伤、风害（图7-104）、雹害（图7-105）引起伤害的区别。植株遭受病原生物的侵染或不利的非生物因素影响后，由健康状态经过生理病变和组织、形态上的病变逐渐表现出病态来，这些病变均有一个逐渐加深、持续发展的过程；机械损伤等的伤害，都是在短时间内受外界因素作用而引起的，往往表现为突发性，没有病理变化过程，也没有表现像病害症状那样稳定性的特征。

图 7-104　风害

图 7-105　雹害

3. 生长异常的诊断方法

（1）症状诊断。观察症状特点，区别是非侵染性病害还是侵染性病害。一般用放大镜或用肉眼观察病株的外部表现，当外部症状不明显时，再进行病理解剖，检查内部症状。由于各种病害在田间的发生和发展其表现有一定的规律，因此在观察植物病害的症状时，应特别注意：病害的普遍性和严重性；病害发展和在田间的分布；发生时期和植株生育期；受害寄主和部位；田间栽培管理措施等。

（2）病原鉴定。

1）非侵染性病害的病原鉴定。在对养分、水分、温度、湿度和周围环境条件进行分析的基础上，将有病的植物榨出液或病土进行分析，测定矿物质营养（如氮、磷、钾、硫、铁及其他微量元素的含量）是否符合健康植物的标准，并查明所缺元素；同时还可以进行人工诱发试验，如水培法和沙培法，人为提供可疑的类似条件，观察是否发病。

2）侵染性病害的病原鉴定。

病毒病害的病原鉴定：多采用人工接种试验来验证，即采用病株汁液摩擦接种、嫁接、昆虫传染等方法进行接种；同时还可以根据病毒的生物学特性，如传播方法、寄主范围、寄主反应、体外保毒期、稀释终点及血清方法等来区别病毒的种类。

细菌病害的病原鉴定：多采用“细菌溢”的方法。具体方法是：切取小块病组织制片，放载玻片于显微镜下检查，如观察有“细菌溢”从病组织（维管束）涌出，即可初步确定为细菌病害；进一步鉴定细菌的种类，如可进行革兰氏染色，通过阳性和阴性反立来区别。此外还可以进行分离培养，获得较纯的培养菌种，然后通过伤口或自然孔（水孔、皮孔、气孔等）人工接种，来确定细菌的种类。

真菌病害的病原鉴定：一般常用的方法是，首先挑取病株组织上的菌丝或子实体制片，然后置显微镜下观察病菌的形态、特征、色泽、大小、结构等。其次是采用分离培养和接种试验。分离培养是切取小块病株组织经表面消毒和灭菌水洗后，移到一定的培养基平板上，在一定的恒温下培养，几天后观察菌落、菌丝体、无性孢子、有性孢子等形态、色泽。接种试验应根据真菌病害不同的侵染类型，将病菌孢子进行拌种、花器接种、土壤接种、涂抹接种或将孢子混悬液进行喷雾接种。

线虫病害的病原鉴定：植物受线虫为害后，多在受害部位产生虫瘿或膨胀的形态变化，剖切虫瘿或膨胀部分用针挑取内部含有物制片，然后放显微镜下观察是否有线虫及膨胀的形态特征。有些线虫病并不引起植物形态变化，可采用漏斗分离法和叶片染色法进行检查，做出诊断。

八、常见生长异常处置方案

1. 高温闷棚预防土传病害技术

在每年设施西瓜、甜瓜生产的空闲期，如7月、8月高温季节，可利用高温闷棚技术解决土传病害为害的问题。该技术就是通过密闭棚膜，利用太阳光增加棚内温度，有时辅以药剂熏蒸，以杀死棚室周边及土壤中的病菌、虫卵，是设施西瓜、甜瓜生产中一项很好的减肥减药措施。

（1）洁净棚室。在6月底至7月初西瓜、甜瓜收获后，清除作物的残体，除尽田间杂草，运出棚室外集中深埋或烧毁。

（2）铺施闷棚填充物。

1）铺撒作物秸秆及农作物废弃物：将作物秸秆及农作物废弃物，如玉米秸、麦秸、稻秸等利用器械截成3～5厘米的尺寸片段，玉米芯、废菇料等粉碎后，以1 000～3 000千克的亩用料量均匀地铺撒在棚室内的土壤表面。

2）撒施有机肥：有机肥的种类、用量可根据土壤肥力、下茬作物类型及种植模式选择决定。将鸡粪、猪粪、牛粪等腐熟或半腐熟的有机肥3 000～5 000千克的亩用料量均匀铺撒在有机物料表面，也可与作物秸秆充分混合后铺撒。

3）撒施化肥：在有机物料的表面每亩均匀撒施氮磷钾有效含量为15：15：15或17：17：17的三元复合肥30千克或磷酸二铵15千克（也可用10千克尿素加40千克过磷酸钙）和硫酸钾15千克。

4）撒施速腐剂： 有机物料速腐剂，以亩用量6～8千克的标准均匀撒施在有机物料表面。也可不加有机物料速腐剂进行闷棚。

（3）土壤准备。深翻25～40厘米后，整地做成利于灌溉的平畦。加施有机物料速腐剂的棚室，对棚室内土壤或基质进行灌水至充分湿润，相对湿度达到85%左右，即地表无明水，用手攥土团不散；不撒施有机物料速腐剂的棚室，相对湿度可达100%，即大水漫灌至地表见明水（图8–1）。

（4）双层覆盖。棚室内部无立柱的，可选用地膜或整块塑料薄膜进行地面覆盖；棚室内有立柱的，可选用地膜或小块塑料薄膜覆盖；密封棚室周边各个接缝处，并检查棚膜，修补破口漏洞，并保持清洁和良好的透光性。

（5）闷棚时间。密闭后的棚室，保持棚内高温高湿状态25～30天。其中至少有累计15天以上的晴热天气，期间应防止雨水灌入棚室内（图8–2）。

（6）揭膜晾棚。打开通风口，揭去地膜覆盖，进行晾棚。

（7）补充有益菌。消毒后的棚室内土壤几乎处于无菌状态。待地表干湿合适后，可整地做畦为下茬作物栽培做准备。不论是加入麦秸或秸秆等有机物，还是加入石灰氮进行高温闷棚，还是单纯的高温闷棚，都需要在闷棚后增施生物菌肥，补充土壤中的有益菌，平衡菌群。

图 8–1　灌水

图 8–2　覆膜闷棚

2. 土壤深翻预防病虫害技术

深翻是一项改良土壤的重要措施，可将根茬翻入土壤深层，清洁田园，减少植物根系与病原菌的联系，利用土埋和暴露病原在自然温度和干燥条件下提高病原菌的死亡率，降低病虫侵染，提高西瓜、甜瓜产量。同时，经过深耕晒垡或冬耕冻土，可以改善土壤的理化性质，达到疏松柔软，提高通透性的目的（图8–3）。

图 8-3　土壤深翻

（1）深翻深度。深翻整地主要是在进行土壤整理时加深土层的耕耘深度，以增加土壤的保墒保水能力。在深度选择时需要按照地块类型、整地目的进行因地制宜的深度选择。一般情况下，深翻土地30～35厘米，种植沟深翻35～45厘米为最佳。

（2）深翻时间。一般在9～12月，秋季作物收获后，在霜降前后（封冻、封地前）除去前茬作物的病残体，进行整地时需要对土地进行深翻处理，以帮助土壤存储秋季和冬季的雨水和雪水，提高土壤的御寒效果。经冬季冻晒，多积雨雪，土壤风化、分解，病虫害减少，增加了土壤的透气性，有利于西瓜、甜瓜根系的发育和产量的提高。

（3）深翻方式。抓住冬季土壤闲置的时间，用深耕犁进行土壤深翻，最好耕地深度达30～45厘米，深翻后不要耙平，让土壤进行长期裸露冻晒，这样经过一段时间，基本上可以杀灭土壤中的病菌。直到种植前10天再进行一次旋耕耙平。

（4）机具要求。一般要求以36千瓦以上拖拉机为动力，配置相应深翻机具进行，深翻机械有单独的深松机。也可在综合复式作业机上安装深松部件，或中耕机上安装深松铲进行作业。

（5）深翻要点。深翻主要根据土壤情况进行处理，对于含水量小的土壤在进行深翻作业时效果会比较差，会导致大的土块和深翻沟等情况的出现。对于不同土质，深翻不同则墒情就不同。深翻作业是有周期性的，周期与深翻年限、土壤土质和耕作制度相关，如果一年两茬作物，深翻的周期需要短一些。

3. 石灰氮土壤消毒防病技术

石灰氮遇水分解而产生的氰胺和双氰胺等氢氮化物具有抑制或杀灭病菌、线虫和杂草种子的作用。石灰氮中的副成分氧化钙遇水能够放热，夏季用棚膜保温，白天地表温度可达65～70 ℃，地下10厘米以内地温在50℃以上，20厘米地温可超过45 ℃，此状态持续20～30天，可有效防治地下害虫、根结线虫和杂草，以及青枯病、立枯病、枯萎病等土传病害，并可减缓连作障碍影响，还具有补充氮和钙肥、促进有机物的腐熟、改善土壤结构、降低硝酸盐含量等作用。

（1）撒施石灰氮。清理地块，将棚室内边脚的土壤铲向中间，每亩用700～1 000千克未完全腐熟的有机物均匀撒于地表，然后均匀撒施石灰氮，每亩用量60～80千克（图8-4）。

（2）深翻做畦。将有机物和石灰氮深翻入土壤，深度30厘米。翻耕要均匀，以增加石灰氮与土壤颗粒接触面积。做高畦增加土壤表面积，利于快速提高地温，延长土壤高温持续时间。

（3）密封和灌水。用完好、透明的塑料薄膜将土壤表面密封。从薄膜下往畦内灌水，直至畦面湿透为止。保水性能差的地块可再灌水一次，但地面不能一直有积水（图8-5）。

图 8-4　撒施石灰氮

图 8-5　撒施石灰氮后灌水

（4）封闭和通风。将大棚完全封闭，出入口、灌水沟口不要漏风。晴天时，20～30厘米的土层能长时间保持40～50℃，地表可达

70 ℃以上，持续20天左右后打开通风口，揭开地面薄膜，翻耕土壤，7～14天后定植。

（5）注意事项。病害较严重的地块，石灰氮和有机物使用量取上限；为发挥石灰氮分解过程中中间产物杀虫灭菌作用，应使土壤和石灰氮充分混合；保持土壤中有足够水分，保水性差的地块处理过程中补充适量水分；处理过程中如遇连续阴天或下雨，应适当延长处理天数；使用石灰氮必须掌握正确方法，使用不当易产生药害、肥害，必须在规定等待天数后方可播种或定植；由于石灰氮分解产生的氰胺对人体有害，使用时应特别注意安全防护。石灰氮为碱性，因此不宜与硫酸铵、过磷酸钙等酸性肥料混合施用。

4. 微小害虫综合防控技术

采取以培育无虫壮苗为基础、防虫网和悬挂黄板为关键物理防控技术、定植前药剂灌根预防性处理和生育期适期用药等相结合的综合防控技术。该技术对重要害虫如烟粉虱、蓟马、蚜虫等的防效可达90% 以上，防效显著，尤其是秋季西瓜、甜瓜棚内对烟粉虱的防治效果显著优于周边其他农户的常规防治棚。作物生长期内化学杀虫剂的使用量减少90%以上，保障了作物的高产和产品安全。适用于全国所有西瓜、甜瓜种植地区，尤其是设施西瓜、甜瓜小型害虫常发地区。

（1）培育无虫苗。育苗前彻底清洁苗房，做到无杂草、残枝落叶，棚室内避免混栽育苗，切忌在有生长期植株的棚室内育苗，防止害虫侵染瓜苗。

（2）定植预防处理。棚室栽培通风口和门窗处覆盖60目筛防虫网，及时清理残株败叶、杂草。幼苗定植前可采用内吸杀虫剂25%噻虫嗪水分散粒剂3 000倍液，或10%溴氰虫酰胺可分散油悬浮剂1 000倍液进行穴盘喷淋或蘸根，也可选择在幼苗定植后灌根处理（30~50毫升/株），可预防和压低粉虱、蚜虫、蓟马、斑潜蝇等刺吸式口器害虫的种群发生基数，防效可达一个多月（图8-6）。

（3）黄、蓝板监测及诱杀。幼苗定植后即悬挂黄色或蓝色黏虫板，黄板下沿稍高于植株上部叶片，并随植株生长进行调整，可监测蚜虫、斑潜蝇、粉虱、蓟马等害虫的零星发生，也可起到诱杀成虫的作用（图8–7）。释放寄生蜂进行生物防治时可选择取下黄板或蓝板。

图 8-6　防虫网防虫

图 8-7　黄、蓝板诱杀害虫

（4）发生期防治。

1）物理防治：利用生物的趋光性诱集并消灭害虫，从而防治虫害和虫媒病害。灯光专门诱杀害虫的成虫，降低害虫基数，使害虫的密度和落卵量大幅度降低，特别是诱杀鳞翅目害虫效果较好（图8–8）。

2）生物防治：害虫种群数量低时，可以采用生物防治。如叶螨为优势为害种类的棚室内，选择释放智利小植绥螨，可有效控制螨类种群。粉虱类为主的棚室内，可释放芽茧蜂（图8–9）。

图 8-8　杀虫灯诱虫

图 8-9　释放芽茧蜂

3）化学防治：早期施药是化学防治成功的关键。在蚜虫、粉虱等害虫数量较低、发生株率在5%~10%时及时进行防治，可选用噻虫嗪、啶虫脒、螺虫乙酯等药剂，对于产生抗药性的蚜虫及烟粉虱，可选择喷施氟啶虫胺腈、呋虫胺等；蓟马为主的田块可选择乙基多杀菌素、溴虫腈、甲维盐、噻虫嗪等药剂；叶螨可选择联苯肼酯、乙螨唑等；斑潜蝇对阿维菌素抗性较高，可选择灭蝇胺进行防治，并注意交替用药。

4）棚室烟熏防治：棚室内害虫种群数量大时，可采用烟熏防治法。选用22%敌敌畏烟剂250克/亩，或20%异丙威烟剂250克/亩等，在傍晚收工时将棚室密闭，把烟剂分成几份，点燃烟熏杀灭成虫。需要注意的是，必须严格按照烟剂推荐剂量使用，不可随意增施药量（图8-10）。

图 8-10　烟熏剂防治虫害

5. 药害缓解技术

随着西瓜、甜瓜种植面积的扩大，病虫草害发生日益严重，为了减少造成的损失，生产中常采用喷施化学农药来预防和防治病虫草害，由于施药操作不规范及使用农药不合理等原因，导致药害现象时有发生，致使植株畸形，生长发育受阻，产量和品质降低。通常药害产生后，迅速采取补救措施可降低药害造成的损失。

（1）清水冲洗。多数化学药剂都不耐水冲刷，如果因施药浓度过大造成药害，可立即（最好在施药后6小时以内）用喷雾器装满清水对着茎叶反复喷洗，可反复2～3次至农药浓度低于受害浓度，以冲去残留在植株表面的药剂，减轻药害。冲洗时，喷雾器的气压要足，喷洒的水量要大。还可在喷洒的清水中加入0.2%的碱面或0.5%的石灰水，由于目前大多数农药遇到碱性物质易分解减效，可加快药剂的分解。

（2）喷高锰酸钾液。高锰酸钾是一种强氧化剂，对多种化学物质都具有氧化、分解作用。在发生药害或发现用药不当时，立即喷洒高锰酸钾5 000～7 000倍液，可缓解药害。

（3）除去药害部位。应及时将受害较重的枝叶迅速剪除，以免药剂继续传导和渗透，并及时灌水，防止药害继续扩大。

（4）加强管理。药害会导致叶片功能降低，光合作用受到抑制，表现缺肥症状，此时应及时补施速效化肥或叶面肥。按照西瓜、甜瓜生长季节特性及时追施尿素或三元复合肥等，促进迅速生长，提高植株自身抵抗药害的能力。结合追肥浇水进行中耕松土，增加土壤的透气性和地温，可促进根系发育，增强植株恢复能力。

（5）喷施叶面肥。可结合根部施肥和浇水，叶面喷施磷、钾肥，以改善植株营养状况，增强根系吸收能力。具体方法是：将优质过磷酸钙1千克，兑水40～50千克，浸泡一昼夜，取上层清液喷洒西瓜、甜瓜茎叶，再每亩喷洒0.2%～0.3%磷酸二氢钾溶液50千克。

（6）喷施生长调节剂。可根据药害不同，喷施不同生长调节剂。如施氧乐果所造成的药害，喷施0.2%的硼砂溶液；施硫酸铜或波尔多液导致的药害，喷施0.5%氢氧化钙溶液；由草甘膦、2，4-D丁酯、胺苯磺隆、丁草胺等除草剂引起的药害，用0.15%天然芸薹素5 000～10 000倍溶液喷施，能够缓解药害；0.2%的肥皂液可缓解有机磷农药造成的药害。对于不明药害，可根外喷施1.8%爱多收6 000倍液或碧护8 000～10 000倍液。

6. 低温灾害补救技术

低温灾害是农业生产中主要的自然灾害之一。根据受害温度的特点可分为冷害、寒害、冻害、霜冻害四大类型。低温灾害主要以冷害、冻害形式体现，其中尤以冷害受害最重，植株遭受低于其生长发育所需的环境温度，引起农作物生育期延迟，或使其生殖器官的生理机能受到损害，导致减产。近几年，随着设施农业的持续发展，设施生产面积不断增加，低温冷害对设施瓜类生产的影响也越来越大。特别是早春西瓜、甜瓜生产过程中“倒春寒”的出现，对瓜类生产的影响较大。因此，引导瓜农正确认识低温冷害，并采取有效措施积极补救，对于降低损失具有积极的推动作用。

（1）适当灌水。视土壤墒情适当灌水，增加土壤热容量、防止地温下降，有利于气温平稳上升。因此，发生冻害后可浇一次小水，随水冲施少量速效肥料，促进恢复生长。

（2）放风升温。棚瓜受冻后不能立即闭棚升温，应该先把通风口打开使棚内温度缓慢上升，让受冻组织逐步吸收因受冻而失去的水分，避免温度急剧升高而导致受冻组织坏死。太阳出来后应适度敞开通风口，过段时间再将通风口逐渐缩小、关闭，让棚温缓慢上升。适当控制温度，白天温度不宜超过25℃，以防二次伤害，让其逐渐恢复生长。

（3）人工喷水。喷水可增加棚内空气湿度，稳定棚温，并能抑制受冻组织的水分脱出蒸发，促使组织吸水，促进恢复生长。

（4）剪除枯枝。嫩梢或生长点冻坏的瓜苗，可将坏死的茎叶或生长点剪除，促使其长出新蔓。瓜蔓全冻坏的要在根茎上部保留2～3片叶进行剪蔓。受冻轻的，可只剪受冻部分，保留正常部分，避免冻伤部位感染病害。

（5）适当遮阴。天气突然转晴时不要把上面的草帘全部揭开，隔1~2个放下1条草帘，即放花帘，或使用遮阳网并摘掉棚内悬挂的反光幕，以减弱光照，防止受冻植株直接受阳光照射，导致组织失水干缩而失去活力。

（6）补施肥料。对受冻植株合理追施速效肥，既能改善作物的营养状况，又能增加细胞组织液的浓度，增强植株耐寒抗冻能力，促进恢复生长。叶面喷施比土壤追施省肥且肥效快。以补施速效肥料为主，可叶面喷洒2%的尿素液或0.2%的硫酸二氢钾液。另外也可以用纯牛奶、纯豆浆喷施，减轻冷害。

（7）使用激素。受冻后植株生长缓慢，新叶、新枝迟迟不发，可喷洒外源性植物激素，以促进生长，加快机体恢复。发生冷害后可及时叶面喷施碧护7 500倍液或益施帮600倍液，以提高植株的抗逆性，促进生长，缓解冷害效果明显。

（8）防治病虫害。植株受冻后病虫易乘虚而入，应及时叶面喷施一次嘧菌酯、百菌清等广谱性药剂和烟剂等，防治灰霉病、菌核病、立枯病等病害的发生，棚内湿度过大的可有针对性地点撒药剂原粉，即用布包好原药，用竹竿绑住后，对准发病的地方轻敲撒药。

7. 硫黄熏蒸防病技术

温室大棚通风条件差，室内空气湿度高，使得室内病害的发生量急剧增加。为了控制病害，又不得不频繁地喷施各种农药，大量、频繁地使用农药使室内病菌产生抗药性，导致用药的防治效果越来越差，硫黄蒸发器的出现很好地解决了这个问题。它的工作原理是将高纯度的硫黄粉末用电阻丝或灯泡加热直接升华成气态硫，均匀分布于密封的温室大棚内，抑制室内空气中及作物表面病虫的生长发育，同时在作物的各个部位形成一层均匀的保护膜，从而起到杀死和防止病原菌侵入的作用（图8-11）。

图 8-11　硫黄熏蒸

（1）使用数量。熏蒸器有效熏蒸距离为6～8米，覆盖范围为60～100平方米，田间使用时熏蒸器间距可设为12～16米。每亩放熏蒸器数量5～8个，每次用硫黄20～40克。硫黄投放量不要超过钵体的2/3，以免沸腾溢出。

（2）悬挂高度。高度距地面1.5米。熏蒸器在这个高度时硫黄粒子在水平靶标背面的沉积密度相对较高，有利于作用于靶标作物叶片背面的病原菌。熏蒸器不能距棚膜太近，以免棚膜受损。一般建议在熏蒸器上方40～60厘米高度设置直径不超过1米的遮挡物。

（3）悬挂位置。位置距后墙3～4米。受重力影响，距离熏蒸器1～3米处沉积的硫黄粒子多，随距离增大，沉积的粒子密度变小。棚室南北跨度一般为8米，因此将熏蒸器放在棚内中间位置将有利于硫黄粒子的扩散。一般每隔10～16米挂1个，既无盲区，也无重复覆盖区。

（4）硫黄熏蒸时间。用作发病前的预防和发病初期的防治，每次不超过4小时，熏蒸时间为晚上6～10点。选择这个时间段熏蒸，既对人员安全，又能实现全棚密闭，还可以避开中午气温较高对瓜类造成药害。熏蒸结束后，保持棚室密闭5小时以上，再进行通风换气。

（5）注意事项。硫黄熏蒸器的安装与使用，应当在冬季闭棚期间应用，放风过度的棚室不适宜采用；硫黄熏蒸器的使用，应当在棚室内病害较轻时开始使用，否则，应当结合用药，治疗病害；硫黄熏蒸器安装时，应距棚面不小于1米，以防止硫黄老化棚膜，可在硫黄熏蒸器上方的棚膜处加一小块塑料膜，以保护棚膜；每天使用时间为3～4小时，关闭电源后，应闭棚5小时以上，才能起到较好的杀菌效果，生产后期，叶片自然老化情况较重，应适当缩短使用时间，不可过长，否则易引起叶片轻微老化。可定期喷施叶面肥，缓解老化症状；为减少投入，可2个棚室共用一组硫黄熏蒸器，同时要做好防漏电的保护措施；棚室内电线和控制开关应有防潮和漏电保护功能，安装位置应高于地面1.8米，避免碰及操作人员。

8. 病毒病综合防治技术

病毒病主要表现有花叶型和蕨叶型两种类型。花叶型在叶片上首先出现明显的褪绿斑点，后变为系统性斑驳花叶，斑纹深浅不一，叶面凸凹不平，叶片变小，畸形，植株顶端节间缩短，植株矮化，结果小而少，果面上有褪绿斑驳。发生蕨叶后，新叶狭长，皱缩扭曲，花器不发育，难以坐果，即使结果也容易出现畸形。果实发病，表面形成黄绿相间的斑驳，并有不规则突起，瓜瓤暗褐色，似烫熟状，有腐败气味，不能食用。因此，利用物理、化学防治相结合建立综合防治技术，对降低西瓜、甜瓜病毒病的发生具有重要作用。

（1）种子消毒处理。播种或育苗前用55～60 ℃温水烫种20分钟，再用0.1%高锰酸钾溶液浸种30分钟，也可用10%磷酸三钠溶液浸种20分钟，用清水洗净后播种。

（2）定植时药剂处理。穴施蚜虱宁缓释片剂，具体做法为：定植穴开好后，每穴内放置1片，整个生长季不会发生蚜虫、飞虱为害，切断了蚜虫、飞虱的传播途径（图8-12）。

图 8-12　穴施蚜虱宁缓释片剂防治蚜虫、飞虱

（3）田间物理防治措施。

1）银膜避蚜：利用银灰色对蚜虫的驱避作用，在瓜畦间覆盖银灰色的地膜（图8-13）。

2）遮阴保湿：采用与高秆作物如玉米、棉花、辣椒等间作套种进行遮阴；利用在瓜苗行间撒麦秸、草等对地面保湿；高温干旱条件下，可以通过瓜行间灌水保持地面湿度（图8-14）。

（4）田间药剂防治措施。药剂防治采用“以保为主，先保后防”的原则，在发病前先喷药保护，再进行预防。在西瓜、甜瓜团棵期，病毒病发生前，用新奥苷肽800倍液或金病毒喷1 000倍液喷雾。喷药时要做到均匀、周到、细致，以后每10天喷药防治1次，连续2～3次。

图 8-13　银膜避蚜

图 8-14　遮阴保湿

9. 应用秸秆生物反应堆增温技术

秸秆生物反应堆技术是一项有机无公害栽培的突破性技术。应用秸秆种类包括玉米秸秆、麦秸、蘑菇渣、玉米皮、玉米芯、棉柴、豆秸、谷草、稻草、杂草、树叶等。应用方式有三种：内置式、外置式和内外结合式。生产实践中多采用内置式，以内外结合式最佳。由于秸秆在地下有微生物菌种、水、温度等因素作用，很快降解腐烂，提高了土壤中有机质含量，减少了化肥施用次数，降低了土壤板结；由于发生反应堆时注水充足，因此在日常管理中，较不使用秸秆省水30%，即正常生产田浇水3次，秸秆田浇水2次；由于生物菌剂在秸秆上大量繁殖和分解抗病微生物，抑制土传病害的发生（枯萎病、根腐病、茎基腐病等），减少了农药使用量，对促进作物生长发育，提高作物光合效率，获得高产优质农产品具有积极的推动作用。

（1）秸秆和其他物料用量。每亩用秸秆3 000～4 000千克，麦麸120～160千克，饼肥（蓖麻饼、棉子饼、花生饼、豆饼等）100千克。严禁使用鸡、猪、鸭等非草食动物粪便。研究证实，非草食动物粪便是线虫和许多病害的传播媒体，常导致枯萎病严重发生。基肥不再施化肥。

（2）菌种、疫苗用量。每亩菌种8～10千克，疫苗2千克。

（3）菌种和疫苗的处理。

1）菌种处理：菌种现拌现用，具体方法是：1千克菌种加20千克麦麸，1千克麦麸加0.8千克水，先把菌种和麦麸干着拌匀再加水，拌好后用手一攥，手缝滴水，摊薄10厘米，用纱网遮盖防止苍蝇。

2）植物疫苗处理：反应堆做好后浇水前5～7天处理。方法与拌菌种相同。为了能均匀接种疫苗，最好每亩将100～150千克草粉加水拌匀，用手一攥，手指缝滴水，再与拌好的疫苗拌匀，然后平摊于阴处，厚度10厘米，用纱网遮盖防止苍蝇，处理5～7天待用。

（4）操作方法。

1）开沟：可在当年11月底，在西瓜或甜瓜种植沟下开沟，沟宽60厘米、深30厘米，起土分放两边（图8–15）。

2）填埋秸秆：将备好的秸秆填入沟内。秸秆不必切碎，但要用干料，种类不限，玉米秸、玉米芯、麦秸、稻草、谷秸、高粱秸等均可。铺放均匀、踏实，南、北两端让秸秆露出地面5～10厘米，以利沟内通气（图8–16）。

图 8–15　开沟

图 8–16　铺秸秆

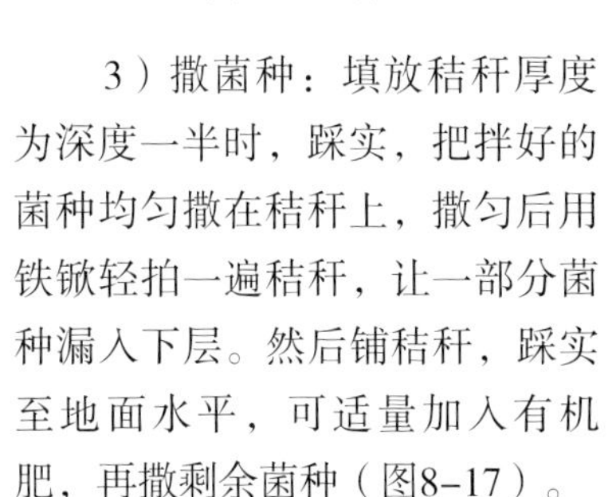

3）撒菌种：填放秸秆厚度为深度一半时，踩实，把拌好的菌种均匀撒在秸秆上，撒匀后用铁锨轻拍一遍秸秆，让一部分菌种漏入下层。然后铺秸秆，踩实至地面水平，可适量加入有机肥，再撒剩余菌种（图8–17）。

图 8–17　撒菌种

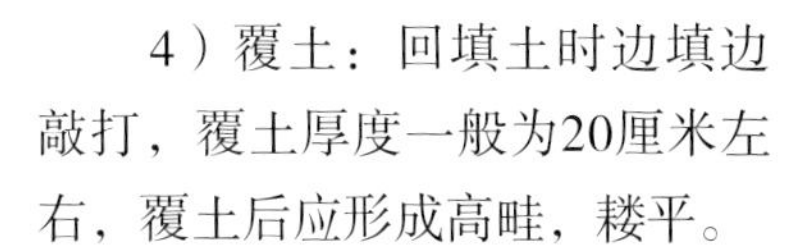

4）覆土：回填土时边填边敲打，覆土厚度一般为20厘米左右，覆土后应形成高畦，耧平。

5）启动反应堆：在反应堆间的沟内浇水，水面高度应达到垄高的3/4，利用水的渗透作用，充分湿透反应堆的秸秆，但要防止水面过高，以免垄土板结，影响栽种；浇水后4～5天，反应堆已开始启动，这时要及时打孔，以通气散热，增加二氧化碳的气体排放；打孔用14号钢筋，间隔20～25厘米，深度要达到秸秆底部。以后每逢浇水后，气孔堵死，都必须再打孔；在栽植行间铺上两根微灌或滴灌软管，禁止大水漫灌。然后覆盖地膜，地膜边沿应压实，禁止在畦垄上对缝覆盖。

（5）播种或定植。启动反应堆7～10天后，地温提上来即可进行播种或移栽定植（图8-18）。在第一次浇水湿透秸秆的情况下，定植时千万不要再浇大水，缓苗只浇小水即可，若墒情足也可不浇水。

图8-18　定植后的西瓜苗

（6）使用注意事项。秸秆用量要和菌种用量搭配好，每400千克秸秆用菌种1千克；浇水时不要冲施化学农药，特别要禁冲杀菌剂；浇水后4～5天要及时打孔，一定要打到秸秆底部。浇水后孔若被堵死要再打孔，地膜上也要打孔；减少浇水次数，一般常规栽培浇2～3次水，用该项技术只浇一次水即可，切记浇水不能过多，在第一次浇水湿透秸秆的情况下，定植时千万不要再浇大水，而是只浇缓苗水；瓜膨大前7天，适当追施少量有机肥和复合肥，具体操作是每亩冲施浸泡10天的豆粉、豆饼等有机肥20千克左右，复合肥10千克；也可在铺好秸秆后，撒饼肥、拌好的菌种，覆土15～20厘米，不浇水，第二年瓜定植前30天封棚、上膜浇水，其他操作同上。

10. 多层覆盖促早栽培技术

大棚多层覆盖栽培西瓜、甜瓜上市早、效益高。四膜覆盖5月1日前后上市，亩产值一般在15 000元以上；三膜覆盖5月上旬上市，亩产值在12 000～15 000元。

（1）多层覆盖。三膜覆盖是在大棚膜下面间隔15厘米连续吊两层二膜；四层覆盖是在三层覆盖的基础上增加2米小拱棚（图8-19）。

图8-19　多层覆盖

（2）整地施肥。土壤封冻前整地，亩施腐熟鸡粪4~5立方米，磷酸二铵50千克，硫酸钾40千克作底肥，旋耕细碎后按1米等行距做畦，畦高25~30厘米。

（3）扣膜。四膜覆盖定植前35天，三层覆盖定植前30天扣膜提温，随即上二膜，铺微喷（滴灌）带，铺地膜，洇地，等待定植。

（4）育苗。12月下旬至1月上中旬育苗，西瓜、厚皮甜瓜，生理苗龄2叶1心至3叶1心；薄皮甜瓜生理苗龄4叶1心至5叶1心。

（5）定植。四膜覆盖2月中旬定植；三膜覆盖2月下旬定植。根据品种特性，小果型西瓜亩栽1 800 ~ 2 000株，中果型西瓜亩栽600 ~ 800株；厚皮甜瓜亩栽1 600 ~ 1 800株，薄皮甜瓜亩栽1 800 ~ 2 000株。当10厘米地温稳定通过12 ℃时半坡定植，浇透定植水，盖好小拱棚以利于提温缓苗。

（6）定植后管理。

1）温度管理：定植后3~5天不放风，之后棚温超过38 ℃时适当通风；缓苗后至伸蔓前期，白天棚温保持32~35 ℃，小拱棚早揭晚盖；伸蔓期白天棚温28 ~ 32 ℃，夜温8 ~ 12 ℃；开花坐果期白天棚温25 ~ 32 ℃，夜温13 ~ 15 ℃；膨果期白天棚温30 ~ 35 ℃，夜温15 ℃以上。随着气温升高，3月上旬撤去小拱棚，3月下旬撤去第二层内幕，4月中旬撤去第一层内幕。

2）水肥管理：定植时浇透定植水；进入伸蔓期根据墒情浇1次水，施氮磷钾复合肥10～15千克/亩；开花坐果期保持土壤和空气湿润；幼瓜鸡蛋大小时浇膨瓜水，氮磷钾复合肥10～15千克/亩；以后保持土壤见干见湿，果实膨大期可喷施2~3次高钾叶面肥，采收前7～10天停止浇水施肥，以免果实含糖量降低。

3）整枝：吊蔓栽培定植后瓜蔓长到6~7叶期开始整枝打杈、吊蔓。采用主蔓整枝一次掐顶法，爬地采用二蔓或三蔓整枝。

4）留瓜：薄皮甜瓜一般第4片真叶以下长出的侧蔓全部去掉，5～7节开始坐果，连续授粉5～6个，留果3～4个。间隔8~10节留二茬瓜2~3个，主蔓25~30叶打顶，第三茬瓜一般在孙蔓上处理瓜胎3～5个，留瓜2～3个。西瓜、厚皮甜瓜根据果个大小在9～15节坐果，在第一茬果授粉15～18天坐二茬果。

5）定瓜：大多数瓜胎长至核桃到鸡蛋大小时定瓜，保留个头大小一致、瓜形周正的幼瓜。

11. 土壤酸碱化调节技术

大多数土壤的酸碱度适合植物生长，但成土母质、所处气候条件、不合理的耕作制度和管理措施等因素会使土壤酸化或碱化，加重土壤板结，使根系伸展困难，发根弱，缓苗困难，容易形成老苗、僵苗，根系发育不良吸收功能降低，长势弱，严重影响西瓜、甜瓜的产量和品质。因此，应经常对土壤酸碱度进行适当的调节，以满足西瓜、甜瓜生长的需求。

（1）增施有机肥。调节土壤酸碱度最根本的措施，是设法提高土壤的缓冲性能。土壤缓冲性能与土壤中腐殖质含量密切相关，而腐殖质主要来源于有机质，因此，在农业生产中必须强调增施有机肥。

（2）合理施用化肥。在增施有机肥、提高土壤缓冲性能的基础上，应根据土壤酸碱度及肥力状况等，合理配施化肥。一般说来，酸性土壤，选施碳酸氢铵等碱性肥料，磷肥则选施钙镁磷肥。碱性土壤，选施易溶性酸性化肥，如硫酸铵、过磷酸钙等。尿素属中性有机态氮肥，酸、碱土壤都能施用，但施后隔3～5天再进行灌水，以防止流失，提高肥效。

（3）适施石灰。酸性较强（pH值5.5以下）、土质黏重、有机质含量较高的土壤，适当增施石灰。一般每亩基施50～100千克，每隔2～3年施用1次；当土壤酸化严重并要迅速增加pH值时，可施加熟石灰，但用量为生石灰的1/3～1/2，且不可对正在生长植物的土壤施用（图8-20）。碱性强的土壤，可亩施石膏15～25千克，调节其碱性。

（4）适施草木灰。草木灰含氧化钙5%~30%，在微酸和酸性土壤上施用草木灰，不但补充了植物的钾素养分，也中和了土壤中的有害酸性物质，增加了土壤钙素，有利于恢复土壤结构。草木灰以集中施用为宜，采用条施和穴施均可，深度8～10厘米，施后覆土。施用前先拌2～3倍的湿土或以少许水分喷湿后再用，防止灰飞扬（图8-21）。

图8-20　撒生石灰调节土壤酸碱度

图8-21　撒草木灰调节土壤酸碱度

（5）注意事项。需注意施用深度，一般底肥应施到整个耕层之内，即15～20厘米的深度；对于有机肥、氮肥、钾肥、微肥，可以混合后均匀地撒在地表，随即耕翻入土，做到肥料与全耕层土壤均匀混合，以利于作物不同根系层对养分的吸收利用；磷肥由于移动性差，且施入土壤后易被固定而失去有效性，所以在底施时应分上下两层施用，即下层施至15～20厘米的深度，上层施至5厘米左右的深度。上层主要满足作物苗期对磷的需求，下层供应作物生长中、后期的磷素营养；提倡根外追肥，根外追肥不会造成土壤破坏；慎施微肥，一般情况下要用有机肥来提供微量元素，且不要过量使用。

12. 测土配方施肥技术

满足西瓜、甜瓜对养分的需求是实现高产的重要途径，通过土壤和肥料供给西瓜、甜瓜生长发育所需的养分，是简易测土施肥法的基本理论。测土配方施肥技术是以土壤测试和肥料田间试验为基础，根据土壤的供肥性能、作物的需肥规律和肥料效应，在合理施用有机肥的基础上，提出氮、磷、钾和中微量元素的适宜比例、用量及相应的施用技术，以满足作物均衡吸收各种营养，达到氮、磷、钾营养元素的平衡、有机与无机平衡、大量元素与中微量元素平衡，维持土壤肥力，减少养分流失，达到高产、优质和高效的目的（图8-22）。通过测土配方施肥技术可以测定土壤中的养分状况，确定施肥种类、施肥量及施肥时期，从而促进西瓜、甜瓜安全、高效生产（图8-23）。

图 8-22　测土配方取土样

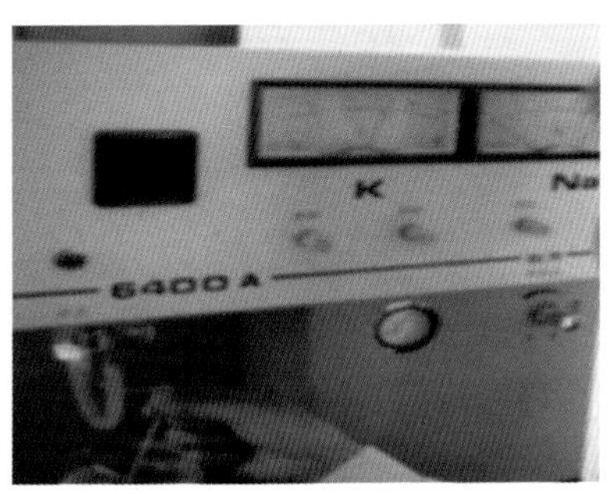

图 8-23　土壤养分检测

（1）需肥特性。生产100千克西瓜需吸收氮0.19千克、磷0.092千克、钾0.136千克；生产100千克甜瓜，需氮0.25～0.35千克、磷0.13～0.17千克、钾0.44～0.68千克。一般来说，足量的氮肥是西瓜、甜瓜高产的基础；充足的磷肥有利于发根，可以促进植株的生长发育，促进花芽分化，使其早开花、早坐瓜、早成熟；而钾是植物体中多种酶的催化剂，能促进光合作用、蛋白质的合成、糖分的增加，提高瓜的品质等。

（2）施肥量的确定。生产上氮、磷、钾的施用比例一般为氮：磷：钾=1：（0.3～0.5）：（0.8～1），肥料用量的确定，既可进行田间试验摸索合理用量，也可以通过试验摸清单位产量需肥量、土壤供肥量、肥料利用率等有关施肥参数后，产前测定土壤养分含量，通过养分平衡法肥料施用量计算公式计算施肥量。

（3）施肥方法。

1）施足基肥：一般每亩施有机肥1 000～1 500千克、钙镁磷肥40～50千克、尿素5千克、硫酸钾8～10千克。以沟施为宜，也可施于瓜畦上，后翻入土中。

2）巧施苗肥：幼苗期，土壤中需有足够的速效肥料，以保证幼苗正常生长的需要。一般来说，在基肥中已经施入了部分化肥的地块，只要苗期不出现缺肥症状，可不追肥。若基肥中施入的化肥较少，或未配有化肥的地块，应适量巧追苗肥，以促进幼苗的正常生长发育。施肥时间以幼苗长到2～3片真叶时为宜，或在浇催苗水之前，每亩追施4～5千克尿素。苗期追肥切忌过多、距根部过近，以免烧根造成僵苗。

3）追施伸蔓肥：瓜蔓伸长以后，应在浇催蔓水之前施促蔓肥，由于伸蔓后不久瓜蔓即爬满畦面（有些地方习惯在伸蔓时给畦面进行稻草覆盖），不宜再进行中耕施肥，因此大部分肥料要在此时施下。一般每亩追施三元复合肥20～25千克，尿素20～25千克，硫酸钾10～12千克。伸蔓肥以沟施为宜，但开沟不宜太近瓜株，以免伤根，施肥后盖土。采用滴灌的，可随水冲施。

4）酌施坐瓜肥：开花前后是坐瓜的关键时期，为了确保植株能够正常坐瓜，一般来说不追肥。但在幼瓜长到鸡蛋大小时，进入需肥高峰期。此期若缺肥不仅影响瓜的膨大而且会造成后期脱肥，使植株早衰，既降低瓜的产量，又影响瓜的品质。所以要酌施坐瓜肥，一般可冲施硫酸钾型复合肥5～10千克。

5）后期适当喷施叶面肥：膨瓜后进入后期成熟阶段，根系的吸肥能力已明显减弱，为弥补根系吸肥不足，确保瓜的正常成熟与品质的提高，可进行叶面喷施追肥。如可喷0.2%～0.3%的尿素溶液，或

0.2%尿素+磷酸二氢钾混合液。

13. 蜜蜂授粉技术

蜜蜂授粉技术是指采用人工放蜂在大棚等封闭环境或者大田等蜜蜂不足的环境中对西瓜、甜瓜授粉的技术。目前生产上一般采用人工辅助授粉或激素来促进坐果，劳动量大、成本高，雇用人工还受工时限制，没有虫媒及时；采用蜜蜂授粉技术一方面可以减轻瓜农的劳动强度，且是西瓜、甜瓜简约化栽培的一项重要技术，另一方面还可提高西瓜、甜瓜的坐果率，而且果形周正（图8-24）。

图 8-24　蜜蜂授粉

（1）蜂种选择。目前普遍应用于瓜类蔬菜作物授粉的是中华蜜蜂、意大利蜜蜂和熊蜂。中华蜜蜂、意大利蜜蜂适于春季保护地西瓜；熊蜂适用于保护地薄皮甜瓜。

（2）授粉时间及蜂数量。一般春季大棚西瓜应用10天左右，每亩需蜜蜂1箱。甜瓜一般应用20～30天，每亩需熊蜂1箱。西瓜、甜瓜最佳泌蜜（蜜蜂授粉）时间为上午8点至10点半。

（3）适宜授粉的品种。适宜大、中、小果型有籽西瓜品种及薄、厚皮甜瓜品种，无籽西瓜禁用蜜蜂授粉。

（4）放置前的准备。棚室土壤，西瓜、甜瓜定植缓苗期及生长前期预先做好病虫害预防措施，在西瓜、甜瓜开花前10天，棚室周围与棚室内禁用任何杀虫药剂，棚中土壤禁用吡虫啉等强内吸性缓释杀虫剂。

（5）环境条件。采用蜜蜂授粉要求棚温控制在18～32 ℃，适宜温度22～28 ℃；湿度控制在50%～80%，高于80%应通风降湿。

（6）放置时期。待5%西瓜、甜瓜花开放时及时放置授粉蜜蜂。

（7）蜂箱位置。蜂箱要放置在棚室中央，要避免震动，不可斜放或倒置，距地面50～100厘米。巢门向南或东南方向，便于蜜蜂定向及采集花粉。蜂箱放置后不可任意移动巢口方向和位置，以免蜜蜂迷巢受损。注意防晒、隔热、防湿、防蚂蚁，蜂箱上方30～50厘米处加盖遮阳网。

（8）蜜蜂饲喂。要做好授粉蜜蜂饲喂工作，一般每箱蜂每日需要白砂糖0.5千克，加水熬制成50%糖液饲喂。每个蜂箱上放置1个盛水容器，每天更换清水，水上浮1根树枝或其他漂浮物，以便蜜蜂饮水。

（9）科学合理放蜂。蜂群进棚20 分钟静止后，慢慢将巢门打开即可。

（10）授粉特征。蜜蜂访花后会在花柱边缘上形成浅色标记（人工授粉后雌花柱呈浅绿色，次日绿色逐渐消失），此标记显示授粉正常。随着时间的推移颜色由浅变深，瓜蕾青绿、鲜艳、膨大。

（11）选果和疏果。棚室西瓜、甜瓜蜜蜂授粉坐果较多，要求果实长到鸡蛋大小时，及时选果和疏果。

（12）蜜蜂回收。棚室西瓜、甜瓜授粉结束，待蜜蜂回箱后关好蜂箱门，打开两侧通风孔，由专业人员收回蜂场。

（13）注意事项。蜜蜂性情温顺，不会主动攻击人，在棚室作业时，不要敲打正在访花的蜜蜂和蜂箱，非专业人员严禁打开箱盖，以免被蜇；操作人员不应涂抹香水、发胶、香粉、防晒霜等有刺激性气味的物质，如果身上有汗味、甜味、葱蒜味等，应远离蜜蜂；蜜蜂授粉后应及时观察授粉效果，必要时进行人工辅助授粉，以保证坐果率；控制棚内温度不能高于35 ℃，夜晚温度不低于10 ℃。检查蜜蜂访花标记，如发现田间花一半以上变黑，应隔天关闭出蜂口，防止蜜蜂访花过度。

14. 棚室消毒防病技术

由于大棚不易搬迁，加上轮作不合理或者连作，致使在土壤中、架材上、棚室墙壁上都有大量的病原菌，造成某些病虫害的滋生蔓延，并使一些病害的发生越来越重，尤其是土传病害。因此，在定植和播种之前，必须对大棚进行消毒（图8-25）。

图 8-25　棚室熏蒸消毒

（1）空间消毒。

1）夏秋高温闷棚：在种植前7～15天，在棚内施肥翻地后，盖好塑料薄膜，关好门和放风口，闷棚7～15天，让棚温尽可能升高，晴天时棚内可达70 ℃左右的高温，杀菌、杀虫、消毒一举数得，是绿色生产的措施之一。

2）硫黄消毒：在播种前2～3天进行，每立方米用硫黄4克、锯末8克混匀，放在小容器内燃烧，时间宜在晚上7点左右进行，熏烟密闭24小时。也可以每立方米用25%百菌清1克、锯末8克混匀，点燃熏烟消毒，分10堆点燃，密闭棚室熏蒸一夜，然后打开棚膜放风3～5天。若能加敌敌畏一起熏烟，杀菌灭虫可同时进行。但生长期应慎用，以防药害。

3）福尔马林消毒：在定植或育苗前对棚室进行消毒，300毫升40%福尔马林加等量水，加热可熏蒸40立方米容积的棚室，熏蒸6小时，然后通风换气15天。

（2）棚架、设备、工具等消毒。多用1：（50～100）的福尔马林水溶液或1 000倍液高锰酸钾洗刷或喷洒，植保机可臭氧消毒（图8-26）。

（3）苗床药剂消毒。自配营养土可选择连续多年未种过茄果类蔬菜的肥沃园土和充分腐熟的优质厩肥作床土原料，按土肥比2：1的比例配制；也可选用经过灭菌的商品基质。对于立枯病、枯萎病、菌核病等，可外加50%多菌灵或70%甲基托布津；对于猝倒病、腐霉菌病、茎基腐病、疫病等鞭毛菌亚门的病害，可加66.5%霜霉威（普力克）水剂；兼防以上病菌，可加50%乙磷铝、8%噁霉灵水剂或40%五氯硝基苯粉剂。其用量皆为每立方米床土80克，用土、肥、药充分混匀后制成的药土进行营养钵育苗。也可采用上铺下垫法，即每平方米用4～5千克细土混以上药剂10克，将土、肥、药充分混匀后制成药土，1/3撒于苗床面上，2/3播后盖在种子上面。但应注意，播后必须使苗床保持湿润，以免产生药害。

（4）土壤消毒。根据病虫种类选用农药，应在定植前10～15天进行。枯萎病发生严重的大棚，可向垄沟或地面喷浇100～200倍福尔马林溶液消毒。具体措施：将床土耙松，按每亩用400毫升40%甲醛加水20～40千克（视土壤湿度而定）或其150倍液浇于床土，用薄膜覆盖4～5天，然后耙松床土，两星期后待药液充分挥发后播种。其他病害可用50%多菌灵、50%托布津或70%敌克松1 000倍液喷洒土壤或拌成毒土撒施后翻入土中。有地下害虫的地块，可以在土壤处理时加一定数量的杀虫剂，如敌敌畏、阿维菌素、米乐尔等。若有根结线虫，最好在表土或定植沟（穴）撒施福气多颗粒剂药土（图8-27）。

图 8-26　植保机臭氧消毒

图 8-27　土壤消毒

15. 雪灾后应对技术

强降雪会对设施蔬菜棚架结构尤其是拱圆大棚造成机械损伤，严重的棚毁苗亡，同时光照不足，棚室气温偏低容易造成冻害，应提前做好防护工作。

（1）推迟定植时间。对于准备定植的要推迟定植时间，密闭大棚，待降雪过后棚内气温回升到12 ℃以上时再定植；同时，苗床应增加保温覆盖物，在多层覆盖的基础上，再加盖无纺布、棉毡或草苫等保温覆盖物御寒；并增加增温、补光措施，保证苗床中幼苗不受冻害。

（2）清除积雪。大雪时应边降雪边清除，尤其要注意加强夜间除雪，也可通过撒融雪剂、食盐等方法，快速减少棚室上的积雪，防止棚室被压塌。有条件的地区，可采用高能灯等多种方式，提高棚内温度，促进棚膜积雪融化自行滑落（图8–28）。

图 8–28　清除积雪

（3）保温增温。棚内增设小拱棚进行多层覆盖，畦面上撒施草木灰。有条件的地方，可用空气加温线、火炉、热风炉、补光灯等设施装备进行增温，棚内温度不能低于6 ℃。

（4）增加光照。采用张挂反光幕、安装补光灯补充光照；也可喷施除滴剂增加薄膜透光，将面粉、豆粉加50 ~ 100倍水溶液，再加少量中性洗衣粉，喷施温室棚膜内壁，达到除滴效果（图8–29、图8–30）。

图 8–29　张挂反光幕

（5）通风降湿。雪后应适时揭开覆盖物，进行通风以降低大棚内空气湿度、增加二氧化碳浓度，通风应在晴天中午进行。揭开覆盖物后，若发现植株出现萎蔫现象，应立即盖上，等叶片恢复后再揭开，反复数次直到不再萎蔫。若萎蔫严重，可在萎蔫的植株上

图 8-30　安装补光灯

喷清水或1%的葡萄糖水等，尽快恢复植株长势。

（6）及时防病。雪后大棚易发生病害，宜采用烟剂、粉剂等进行防治。同时，应尽量适度揭开草帘或无纺布等覆盖物，降低棚内湿度。

（7）冷害补救措施。对于因棚顶覆膜损坏造成设施植株发生冷害或轻微冻害的，除采用及时修补薄膜、增加覆膜、加盖草帘等办法保温增温外，可采取叶面喷施20～25 ℃温水、0.2%磷酸二氢钾溶液、0.5%尿素液，或立即喷施碧护或芸薹素内酯等药剂进行补救等措施，减轻植株受害；同时，发生冻害后，要使棚内温度缓慢上升，避免因温度急骤上升而使植株受冻组织坏死，并及时剪除受冻严重的茎叶和果实。

16. 种子消毒防病技术

种子是传播病害的主要载体之一，多种病害都可通过种子带菌进行为害传播。随着西瓜种子行业日益兴起，种子消毒不严格及检验不规范，致使种传病害种类为害日益严重，如细菌性果斑病、病毒病、叶枯病等。种传病害已成为西瓜、甜瓜生产病害防治中亟待解决的问题。因此，为了杀死种子携带的病菌、虫卵，消除种传病害的发生，在播种前对种子进行消毒灭菌处理是十分必要的。

（1）晒种。在春季，选择晴朗无风天气，把种子摊在席上或纸上，厚度不超过1厘米，使其在阳光下暴晒，每隔2小时左右翻动一次，使其受光均匀，阳光中的紫外线和较高的温度对种子上的病菌有一定的杀伤作用。晒种时不要将种子放在水泥板、铁板或石头等物上，以免影响种子的发芽率（图8–31）。

（2）温汤浸种。将种子放入55 ℃的温水中，不断搅拌15分钟，然后使其自然冷却浸种4～6小时。55 ℃为病菌的致死温度，浸烫15分钟后，基本上可杀死附在种子上的病菌、病毒，可预防西瓜、甜瓜上的多种病害。在没有温度计的情况下，可用2份开水兑入1份冷水，将手伸入水中感到烫手但又能忍受，即为55 ℃左右。浸种时注意时间短、速度快，以免影响种子发芽率（图8–32）。

图 8-31　晒种

图 8-32　温汤浸种

（3）药剂消毒。

1）磷酸三钠浸种法：用10%的磷酸三钠溶液，浸泡种子20分钟，捞出后在水中清洗干净，除去种子表面的药液，可以钝化种子所带病毒，对花叶病毒病预防效果较好。

2）代森铵浸种法：先将50%的代森铵水剂配成500倍的药液，放入种子浸泡0.5～1小时，然后取出用清水冲洗干净。

3）高锰酸钾溶液消毒法：用0.05%的高锰酸钾溶液浸泡种子10～15分钟，浸泡过程中不断搅动，可杀灭种子表面的病菌。然后将种子捞出，冲洗干净。

4）甲醛浸种法：40%福尔马林水剂150倍液，浸种15分钟，捞出用水冲净，可预防枯萎病和蔓枯病。

5）药剂拌种法：用90%敌百虫粉拌种，可防蚁类及地下害虫咬种；亦可用煤油少量拌种，可兼防田鼠咬种（图8-33）。

图 8-33 药剂拌种

6）中生菌素消毒浸种法：将中生菌素用蒸馏水稀释后，浸种10～15分钟，可预防细菌性角斑病等细菌性病害。

（4）药剂浸种注意事项。浸种用的是药剂的稀释浓度，所用浓度一般按照有效成分的含量计算。浸种药剂浓度一般与浸种时间有关，浓度低时时间可略长一点，浓度高时要适当缩短时间；浸过的种子要冲洗，浸种后应摊开晾晒再播种；药液面要高于种子16厘米以上，以免吸水膨胀后露出药液外，降低消毒效果；种子放入药液中应充分搅拌，排除药液内的气泡，使种子与药液充分接触，提高浸种效果。

17. 地下害虫综合防控技术

地下害虫是指活动为害期间生活在土壤中，主要为害植物的地下部分和近地面部分的一类害虫，其生活周期长，多潜伏在土中，不易被发现，主要食害作物的种子、幼芽、根茎，造成缺苗、断垄或使幼苗生长不良。为害西瓜、甜瓜的地下害虫主要有蝼蛄、蛴螬、地老虎、金针虫、根蛆等。因此，抓好地下害虫防治是保证西瓜、甜瓜出苗整齐的有效保障之一。

（1）农业防治。

1）土壤深翻：封冻前1个月，深耕土壤35~40厘米，使地下害虫（卵）裸露地表被冻死或被天敌啄食，也可随耕拾虫，通过翻耕，破坏害虫生存环境，减少虫口密度（图8-34）。

图 8-34 土壤深翻

2）清洁田园：前茬作物收

获后，及时清出秸秆、杂草，减少害虫产卵和隐蔽的场所。

3）灌水灭虫：水源条件好的地区，在冬季灌水淹没越冬虫、蛹，可收到事半功倍的效果（图8-35）。

图 8-35　冬季灌水

4）合理施肥：使用充分腐熟的猪粪等有机肥，其具有腐蚀、熏蒸作用，有助于杀灭地下害虫。肥要均匀、早施、深施，不要暴露地面，以减少种蝇等害虫产卵。

（2）物理防治。

1）黑光灯诱杀：利用蛴螬、地老虎、金针虫的成虫对黑光灯有强烈的趋向性，在田间安装太阳能频振式杀虫灯进行诱杀。近距离用光、远距离用波，加以诱到的害虫本身产生的性信息引诱成虫扑灯，灯外配以频振式高压电网触杀，使害虫落入灯下的接虫袋内，达到杀灭害虫的目的。

2）糖醋液诱杀：利用其对糖醋液的趋化性，在苗圃或田间设置糖醋液盆进行诱杀种蝇、蛴螬、地老虎等害虫成虫。糖醋液配方为红糖1份、醋2份、水10份、酒0.4份、敌百虫0.1份（图8-36）。

图 8-36　糖醋液诱杀

3）毒饵诱杀：可以将菜籽或麦麸放入锅中进行炒香，将炒好的菜籽或麦麸放在桶中，然后将温水化开的敌百虫倒入桶中，闷3~5分钟，于傍晚将毒饵分成若干小份放于田间，用于诱杀地老虎（图8-37）。利用蝼蛄趋向马粪的习性在圃地内挖垂直坑放入鲜马粪诱杀，还可在田间栽蓖麻诱集蛴螬成虫金龟子。

图 8-37　麦麸炒香拌药诱杀

4）毒草诱杀：毒草配制的方法是，将剁碎的菜叶或草，用50%辛硫磷乳油100克配制水约2.5千克喷洒，在凌晨或者黄昏的时候，将毒草成堆的放置在田间地头上，用以诱杀地老虎。

5）毒谷诱杀：每亩用25%~50%辛硫磷胶囊剂150～200克拌谷子等饵料5千克左右，或50%辛硫磷乳油50～100克拌饵料3～4千克，撒于种植沟中，诱杀蝼蛄、金针虫、种蝇等害虫。

（3）生物防治。

1）捕食性天敌：捕食金龟子的天敌有鸟、鸡、猫、刺猬等；捕食蛴螬的天敌有食虫虻、黑土蜂等。寄生蛴螬的天敌有寄生蜂、寄生螨、寄生蝇等；利用寄生蜂、步行虫等天敌防治根蛆。

2）生物制剂：于低龄幼虫发生盛期，用苜核·苏云菌悬浮剂500～700倍灌根防治地老虎；用卵孢白僵菌（每克含15亿～20亿个孢子）2.5千克，拌湿土70千克，于瓜苗幼苗移栽时施入土中，或用BT乳剂300克配制毒土施用，毒土亩用量为50千克左右，均可防治蛴螬、金针虫、蝼蛄等；用含荧光假单胞菌10亿个/毫升的根蛆净水剂300毫升灌根，或用苏云金杆菌可湿性粉剂 5～6千克，均可防治根蛆。

3）植物提取液：用蓖麻叶1千克，捣碎，加清水10千克，浸泡2小时，过滤，在受害区喷液灭杀蛴螬成虫金龟子，或将侧柏叶晒干磨成细粉，随种子或定植施入土中，可杀死蛴螬、金针虫、蝼蛄等地下害虫。

（4）化学防治。

1）药剂拌种：用90%晶体敌百虫800倍液或50%辛硫磷500倍液在播种前均匀喷洒在种子上，摊开晾干后即可播种。

2）根部灌药：苗期害虫猖獗时，可用90%晶体敌百虫800～1 000倍液或50%辛硫磷乳油500倍液在下午4点后开始灌根；或80%敌敌畏1 500倍液喷洒植株和根部周围，以杀死成虫和卵，以后每隔7～10天喷1次，连续用药2～3次。

3）撒施毒土：用50%辛硫磷乳油拌细沙或细土，在作物根旁开沟撒入药土，随即覆土，或结合锄地将药土施入，可防治多种地下害虫（图8-38）。

图 8-38　撒施毒土

4）喷洒药液：于成虫盛发期，喷洒50%的辛硫磷乳油1 000倍液、40%氧化乐果500倍液、25%敌杀死1 800倍液，可以杀死成虫。大面积防治金龟子成虫时，50%的氧化乐果、辛硫磷乳油配成1：1 000浓度水溶液喷洒，均具85%以上的杀虫效果。

（5）人工捕捉。当害虫的数量少时，可根据地下害虫的各自特点进行捕杀。幼虫期可将萎蔫的草根扒开捕杀蛴螬。傍晚放置新鲜的泡桐叶、南瓜叶片（叶面向下）于小地老虎的为害处，清晨掀起捕杀幼虫。清晨在断苗周围或沿着残留在洞口的被害枝叶，拨动表土3～6厘米，可找到金龟子、地老虎的幼虫。晚上可利用金龟子的假死性进行人工捕捉，杀死成虫。检查地面，发现虫道后可进行灌水，迫使蝼蛄爬出洞穴，再将其杀死。

18. 钻蛀害虫综合防治

这类害虫钻蛀在叶片、茎秆和果实里面蛀食为害。钻入叶片为害，叶片可见钻蛀的隧道，造成叶片干枯死亡；或将茎、枝蛀空，使植株死亡；或钻蛀果实，造成果实脱落、腐烂，无商品性。如瓜绢螟、烟青虫、瓜实蝇等。

（1）农业防治。冬季应深翻土壤，中耕灌水，清除杂草和病残体，消灭越冬蛹；及时摘除虫蛀果，集中深埋或烧掉。发生严重时，在瓜类授粉后，将幼瓜套纸袋避免成虫产卵，应注意套袋的幼瓜是未经虫侵害的。

（2）物理防治。

1）杨树枝诱杀：剪取约0.6米长的带叶杨树枝，稍晒软，每8～10根扎成一把，绑在小棍上，插于田间，每亩均匀插10～15把（图8-39）。每天早晨露水未干前用透明塑料袋逐个套住杨树枝把，捕杀成虫，每6～8天更换1次新枝把。

图 8-39　杨树枝诱杀

2）灯光诱杀：利用黑光灯、高压汞灯、频振式杀虫灯、太阳能杀虫灯等诱杀成虫，可每2～3公顷安装一盏灯，灯下置一含0.2%洗衣粉的水盆，诱杀成虫。

3）引诱剂诱杀：每个诱芯含人工合成性诱剂50克，穿于铁丝上吊在含0.2%洗衣粉的水盆上，诱芯距水面12厘米，每个诱芯可诱集20～35米以内的成虫；洗衣粉应隔天早晨更换1次。针对瓜实蝇，将诱杀器悬挂于1.5米高处，每亩悬挂5个，发生量大时可适当增加。

4）气味驱避：利用成虫对磷酸二氢钾气味有忌避作用的特性，越冬代成虫发生期在瓜田全面喷施，可减少产卵量。

5）毒饵诱杀：用香蕉皮或菠萝皮40份，90%敌百虫0.5份，香精1份，加少许水调成糊状后，装入矿泉水瓶等容器中挂于瓜架的竹竿上或于晴朗天气直接涂在瓜架的竹竿上，每亩一般放置20个，可有效诱杀瓜实蝇。

6）色板诱杀：可采用涂有黄油色板诱杀瓜实蝇，使用时用绳悬挂于1.5米处，每亩地悬挂20～30张（图8-40）。

（3）生物防治。

1）捕食性天敌：在成虫产卵盛期释放赤眼蜂。具体方法是把即将要羽化的赤眼蜂成虫的蜂卡卷于中部瓜叶内，用细绳捆好，每亩释放2万～3万头，所有蜂卡分5～8份均匀布点释放。

图8-40　色板诱杀

2）生物菌剂：在害虫卵孵化盛期至幼虫3龄前，间隔5～7天喷2次BT乳油（每毫升含活孢子100亿个）250～300倍液，每次亩喷药液50～60千克；或3%茴蒿素乳油500倍液，连续喷2次，防治3龄前幼虫效果较好。

（4）化学防治。应在产卵高峰期后3~4天至2龄幼虫期，即幼虫尚未蛀入果内之前喷药，以下午至傍晚喷药效果最佳。

1）昆虫生长调节剂：5%定虫隆乳油1 000倍液，或5%氟虫脲乳油或水剂2 000倍液，或5%伏虫隆乳油4 000倍液，或20%除虫脲胶悬剂1 500倍液喷雾。

2）拟除虫菊酯类农药：2.5%溴氰菊酯乳油2 000～2 500倍液，或2.5%高效氟氯氰菊酯乳油3 000～3 500倍液，或10%氯氰菊酯乳油2 000～2 500倍液，或5%顺式氯氰菊酯乳油2 500～3 000倍液，或20%氰戊菊酯乳油2 000～2 500倍液喷雾。

19. 裂果的综合防治技术

裂果是一种生理性病害，多出现在西瓜、甜瓜接近成熟期，发病时果实表面出现大而深的难以愈合的裂缝，然后裂缝处的果肉腐烂变质，并迅速向四周扩展。开裂后的甜瓜有的还没成熟便完全腐烂，有的即便成熟，其储存时间也大大缩短，品质降低，产量减少，影响销售和价格。

（1）均衡供应肥水。根据西瓜、甜瓜生长期间的需肥、需水规律，均衡供应肥水，不要盲目浇水施肥。施肥时，不但要施足基肥，满足西瓜、甜瓜前期生长的需要，而且要在西瓜、甜瓜生长后期及时追肥，满足西瓜、甜瓜后期生长的需肥要求。浇水时，一方面要及时浇好膨瓜水，促进果实膨大；另一方面在浇膨瓜水后，不要再浇大水，尤其是在采摘前10天左右尽量不要浇水，防止裂果。

（2）保护叶片。注意保护果实附近的叶片，利用它们为果实遮挡阳光，避免因阳光照射引起果皮老化而出现裂果。

（3）喷施微量元素。坐瓜后，结合浇水用0.3%的氯化钙和0.12%～0.25%的硼酸液进行叶面喷施，每隔7天喷1次，连喷2～3次，以补充微量元素的不足。

20. 植株早衰预防技术

早衰是由多种因素综合导致的。我们看到的早衰症状都是地上植株部分，但造成早衰的根本原因是地下根系。根系生长快，并且容易木栓化，伤根后再生能力弱，新根发生困难，抗病性较差。尤其是重茬种植时，遗留在土壤中的病菌、线虫大量滋生繁殖，根系分泌大量有毒病菌，根的生长吸收能力降低，植株生长衰弱，易感染病害，导致早衰。

（1）改旋耕为深耕。深耕层达到40厘米左右，通过深耕改善土壤透气性，有效促进根系深扎，形成强大的根群，提高根系应对恶劣环境的能力。

（2）合理施足基肥。长期大量施用化学肥料，忽视补充土壤有机质，造成土壤富养化严重。富养化不利于根系生长，不仅破坏了土壤健康的环境，而且更容易引发沤根。定植前结合翻耕，每亩施用充分腐熟的有机肥不低于5 000千克，适当减少化学肥料施入量。

（3）增施微生物菌剂。一定要配合施肥撒施微生物菌剂，增加土壤有益微生物菌群的含量，让有益菌微生物菌群成为土壤优势微生物种群，形成有利于根系生长的土壤环境，为根系创造良好的生长环境（图8–41）。

图 8–41　增施微生物菌剂

图 8-42　高垄栽培

（4）高垄栽培。采用起垄种植，避免平畦栽培因浇水过多而造成伤根，起垄种植增加了耕作层的厚度，促进根系下扎。同时，利用穴施生物菌肥的方法，以菌制菌来抑制有害菌的繁殖，减少土传性病害发生（图 8-42）。

（5）合理覆盖地膜。定植后应尽量晚覆盖种植行的地膜，而且要注意用钢丝、竹子等将地膜撑起来，避免地膜紧贴地面，增加地表的空气流动，保持土壤透气性，促进根系下扎。

（6）加强田间管理。应根据不同品种特性，及时选留适宜的瓜数，以利于提高产量和商品率，防止生理性枯萎。

（7）调控水分供应。前期尽量少浇水，促进根系向深层生长，扩大根系吸收面积，提高抗旱能力和水分吸收能力。遇到持续干旱天气，应及时浇水，补充水分供应，维护根系正常吸收能力。

（8）及时补充营养。由于根系在结瓜中后期营养吸收能力相对减弱，所以要根部施肥和叶面施肥同时进行。

（9）预防病害发生。及时预防枯萎病、蔓枯病及疫病等病害的发生为害。

21. 二氧化碳施肥技术

棚室是一个独立的生物小环境，在严寒期内由于覆盖严密，气密性高，内外气体交换较少，内部的二氧化碳状况有明显的不同。在冬季由于外界气温偏低，在不通风换气或通风换气少的情况下，二氧化碳就更为缺乏，严重影响叶片的光合生产能力。实践证明，设施栽培施用二氧化碳，不但可以提高产量，而且可以改善果实品质。在适宜的光、热、水等环境条件下施用二氧化碳，可提高秧苗质量，缩短苗龄7天左右。在生产期施用二氧化碳，前期产量可提高10%～30%，对提高品质有促进作用。

（1）二氧化碳施用方法。在生产上使用较多的是用简单容器以稀硫酸+碳酸氢铵反应法来制造二氧化碳。有条件的还可以从汽水厂、酒厂等地购买或租用液化气钢瓶，向室内定量释放纯净的食用二氧化碳气体。

1）化学分解法：取70%硫酸溶液，盛在大口的塑料桶中，硫酸面与塑料桶面相距20厘米以上，将盛硫酸的塑料桶均匀分布于温室内（每亩棚室放3～5只桶）。在温室外把碳酸氢铵分装好（每袋重250～300克），扎紧袋口不挥发氨气。选择晴天上午，将碳酸氢铵投入溶液中，注意要慢慢进行，以防大量液体溢出。这种方法安全性较低，如果硫酸或碳酸氢铵纯度不好，可能会产生二氧化硫等有毒气体为害叶片。最好使用二氧化碳发生器。

2）燃烧法：使用专用的二氧化碳发生器，燃烧液化石油气或煤油。这种方法可控性、安全性和使用效果都好，但发生器成本较高。

3）施用商品气肥：市场上二氧化碳气肥大致有两类，一种为袋装气肥，即用塑料袋分上、下两层分装填料，使用时让两种填料接触混合并在塑料袋指定位置打孔释放二氧化碳。另一种为固体颗粒，施用时埋入土壤中缓慢释放二氧化碳。施用商品气肥比较省事，但可控性最差，在不需要增施二氧化碳的时候不能停止，浪费较为严重。

（2）施用二氧化碳时注意事项。一般应在作物与土壤微生物呼吸放出的二氧化碳量不能满足植物需求的时候开始施用，通常在施完膨果肥以后开始为好；只有在较强的光照强度下，施用二氧化碳的效果才明显，施用二氧化碳一般选在上午8点到10点进行，在保护地内气温上升到30 ℃左右，开始通风前1小时停止施用；施用二氧化碳时，要配合降低氮肥用量，降低夜温，提高白天气温（2 ℃左右），尽量增强光照等管理措施，才能更好地发挥二氧化碳促进生长的作用，同时防止植物发生徒长；要特别重视夜温管理，促使光合产物的运转。夜温管理：前半夜温度为12～14 ℃，后半夜温度为8～10 ℃，可以使光合产物由叶片向根和果实运转，同时又可抑制过度呼吸消耗（图

8-43）。

图 8-43　二氧化碳施肥

22. 果实套袋防污染技术

设施厚皮甜瓜栽培过程中，由于棚室内湿度大，果面病害时有发生，采用化学方法防治，又会在果面形成药斑和增加农药残留量，严重影响果实商品性和安全性。为此，我们将果实套袋技术应用于设施厚皮甜瓜生产中，经多年试验和创新，取得了很好的效果，生产的甜瓜不仅果皮光洁，颜色鲜艳，商品性好，而且减少了农药污染，深受消费者欢迎，提质增效效果显著。

（1）适宜季节。设施厚皮甜瓜以春季早熟和秋季延迟栽培应用套袋技术为宜，越夏栽培果实套袋因袋内高温高湿易诱发病害，一般不宜采用。

（2）品种选择。设施甜瓜套袋后，因果实表面光照减弱，影响其光合作用和干物质积累，在一定程度上导致果实含糖量降低。因此，生产上最好选择含糖量高的光皮类型品种进行套袋栽培。网纹类型品种套袋后常因袋内高温高湿影响网纹形成，造成商品性下降，应慎用。

（3）套袋选择。选择的袋子要求成本低、不易破损、对果实生长无不良影响。按材质分为纸袋和塑料袋两种。纸袋由新闻纸、硫酸纸、牛皮纸、旧报纸或套梨专用纸等做成，塑料袋多采用透明塑料袋。套袋的大小可根据果实大小确定，以不影响果实生长为宜。使用前将制作或购买的套袋底部剪去一个角，使瓜体蒸腾的水分散失到空气中，避免袋内积水，以减少病害。一般白皮类型甜瓜对纸袋透光性要求不严格，各种类型套袋均可选用，而黄皮类型蜜瓜最好选用新闻纸袋、硫酸纸袋或透明塑料袋等透光性好的袋子，否则果皮颜色会变浅（图8-44）。

（4）套袋时间。套袋一般在甜瓜开花授粉后10天左右，即坐果

图 8-44　不同类型果袋套袋

后进行，此时果实大约长到鹅蛋大小。套袋过早，容易对幼瓜造成损伤，影响坐果；套袋过晚，套袋的作用和效果会降低。套袋前一天可在设施内均匀喷一遍保护性广谱杀菌剂。套袋应选择晴天上午10点以后，棚室内无露水、瓜面较干燥时进行，避免套袋后因袋内湿度过大引起病害发生。

（5）套袋方法。应选择坐果节位合适（一般以12～14节为好）、瓜形端正、没有病虫害的果实进行套袋。套袋前，应把瓜蒂上的残花摘除，以免残花被病菌侵染后感染果实。套袋时先用手将纸袋撑开，然后一手拿纸袋，一手拿瓜柄，把纸袋轻轻套在果实上，再把袋口向里折叠并封口，用曲别针或嫁接夹等固定，以防袋子脱落。套袋时一定要小心谨慎，动作要轻柔，尽量不要损伤果实上的茸毛。套袋后在田间管理操作过程中应注意保护袋子，避免造成破损。

（6）套袋后的管理。甜瓜套袋后，果实因与外界隔离，不易感染病虫害，植保方面以保护叶片为主，一般在生长期喷洒各种复合杀菌剂即可。甜瓜生长期温度管理和水肥管理同常规。

（7）脱袋时间。一般应在甜瓜成熟前5～7天脱去袋，以促进糖分积累。黄皮类型甜瓜品种最好在瓜成熟前7天左右脱去袋，以免影响果皮着色。含糖量较高的白皮品种，可在甜瓜成熟后随瓜一起摘下，待装箱时把袋脱去即可。

23. 黄、蓝板诱虫技术

黄板和蓝板是利用一定的波长、颜色光谱及黄油等专用胶剂、特殊胶质制成的黄蓝色胶黏害虫诱捕器。利用蚜虫、斑潜蝇、粉虱等害虫成虫具有强烈趋黄性及蓟马具有强烈趋蓝性的特点，有效控制了成虫的繁殖，一定程度上解决了药剂消灭虫卵困难的实际问题，可以避免和减少使用化学农药给人类、其他生物及环境带来的为害，诱杀率达70%以上，是一项无污染、使用方便、诱杀效果显著、高效环保的技术。

（1）黄、蓝板制作方法。简单制作方法：将木板、塑料板或硬纸箱板等材料涂成黄、蓝色后，在板两面均匀涂上一层黏虫胶（黄色润滑油与凡士林或机油按1∶0.3的比例调匀）即可。双面诱杀、用纸要平整不卷曲、防水性能好、黏度高；也可直接购买黄、蓝板。

（2）使用方法。露地环境下，竹竿下端插入地里，将捕虫板固定在竹竿上端即可；棚室条件下，用铁丝或绳子穿过诱虫板的两个悬挂孔，将其固定好，将诱虫板两端拉紧垂直悬挂在温室上部。

（3）悬挂位置。高度以超过作物生长点5～10厘米为最佳，并随着植株的生长调节高度。

（4）悬挂密度。应根据害虫种类安排诱虫板数量，以达到诱杀效果。

1）防治蚜虫、粉虱、叶蝉、斑潜蝇：在温室或露地开始时可以每亩悬挂3~5片诱虫板，以监测虫口密度，当诱虫板上诱虫量增加时，每亩地悬挂规格为25厘米×30厘米的黄色诱虫板30片或25厘米×20厘米黄色诱虫板40片即可，或视情况增加诱虫板数量。

2）防治种蝇、蓟马：每亩地悬挂规格为25 厘米×40 厘米的蓝色诱虫板20片，或25 厘米×20 厘米蓝色诱虫板40片即可，或视情况增加诱虫板数量。

（5）使用时间。在虫害发生前使用，时间越早越好，作物生育期坚持使用，效果更佳。

（6）悬挂方向。采用“Z”形平行均匀分布；东西朝向放置的黄、蓝板诱虫效果优于南北朝向。

（7）注意事项。当黄、蓝板上粘虫面积达到60%以上时，粘虫效果下降，应及时清除粘板上的害虫或更换黄、蓝板，当黄、蓝板上粘胶不粘时也要及时更换；色板在大棚中应用效果较好，在露地栽培上应用由于受天气、虫量等因素影响，效果相对较差，在害虫发生量较大的情况下，只能减少害虫发生量，不能完全控制害虫，还需协调化学药剂来控制害虫为害（图8-45）。

图 8-45　黄、蓝板诱虫

24. 催芽促萌技术

瓜类种子种皮厚、种壳坚硬、发芽困难，在早春育苗时往往因气温低及种子处理方法不当，而引起种子发芽率低或发芽时间长等现象，影响了育苗质量，给早熟、优质、高产栽培带来了困难。因此，种子催芽是西瓜、甜瓜育苗中的重要环节。催芽具有以下优点：打破霜期的限制，提早播种，使生育期提前；苗床内生长条件优越，种子成活率高，可节省种子；幼苗生长相对集中，方便人为控制温度、湿度及防病治虫，有利于培育壮苗；移栽苗整齐一致，成活率高。

（1）种子处理。将用药液浸过的种子，洗去种皮黏液（图8-46），用清水洗净后，用湿布包好，在28～32℃条件下催芽，催芽过程中，注意时常用30℃左右的温水过滤种芽。

（2）保湿处理。催芽时既要保温，又要透气，可将盖帘放下面，再铺上毛巾，毛巾上平铺浸过的种子，上面再盖上毛巾。毛巾要用热水消毒，湿度不宜过大，以免影响种子出芽。要经常观察温度和湿度的变化，若出现干皮现象，马上换洗毛巾并重洗种子（图8-47）。

图 8-46　洗去种皮黏液

图 8-47　催芽至露白

（3）炼芽。一般24～36 小时可齐芽，当幼芽长至2～3 毫米时，放在10～15 ℃环境条件下炼芽，以提高幼芽的适应性。如果催芽不齐可将催出的瓜芽选出来，经常温炼芽后，用湿布包好，放在冰箱的冷藏箱里（1～3 ℃温度环境），待芽子出齐后再准备播种。播种前不管是在冰箱里冷藏的，还是后催出来的芽子，都要经过常温炼芽（接近育苗室最低温度）4～5小时后再播种。

（4）注意事项。有籽西瓜、甜瓜催芽温度控制在28～30 ℃，无籽西瓜在30～33 ℃，低于15 ℃则大多数品种不能正常发芽，超过40 ℃则有损伤胚根的危险，使“露白”的种子胚根不再伸长或变黄；浸种时间不够，造成种子吸水不足，特别是气温较低时，因浸种不彻底而造成出芽慢、出芽迟，甚至发生烂种现象；浸种时间过长，影响发芽率或造成发芽势减弱；经过浸种的种子在催芽时，往往由于种子湿度过大、包布太湿、种子太多、堆积较厚而影响气体交换、透气不良，进而发生闷种和烂种的现象，造成出芽慢或不出芽。

ICS 65.020.20
CCS B 30

DB41

河　南　省　地　方　标　准

DB41/T 2002—2020

薄皮甜瓜春茬设施栽培技术规程

2020－10－23 发布　　2021－01－23 实施

河南省市场监督管理局　发布

DB41/T 2002—2020

前　言

本文件按照GB/T 1.1—2020《标准化工作导则　第1部分：标准化文件的结构和起草规则》的规定起草。

本文件由河南省农业农村厅提出并归口。

本文件起草单位：河南省农业科学院园艺研究所。

本文件主要起草人：李晓慧、赵卫星、康利允、高宁宁、梁慎、常高正、徐小利、李海伦、王慧颖。

DB41/T 2002—2020

薄皮甜瓜春茬设施栽培技术规程

1 范围

本文件规定了薄皮甜瓜春茬设施栽培技术的术语和定义、产地环境条件、栽培季节、设施类型、品种选择、育苗、整地做垄、定植、田间管理、病虫害防治及采收的基本要求。

本文件适用于薄皮甜瓜春茬设施栽培。

2 规范性引用文件

下列文件中的内容通过文中的规范性引用而构成本文件必不可少的条款。其中，注日期的引用文件，仅该注日期的版本适用于本文件。不注日期的引用文件，其最新版本（包括所有的修改单）适用于本文件。

GB 3095 环境空气质量标准

GB 5084 农田灌溉水质标准

GB/T 8321（所有部分） 农药合理使用准则

GB 13735 聚乙烯吹塑农用地面覆盖薄膜

GB 15618 土壤环境质量 农用地土壤污染风险管控标准（试行）

GB 16715.1 瓜菜作物种子 第1部分：瓜类

NY/T 496 肥料合理使用准则 通则

NY/T 2118 蔬菜育苗基质

3 术语和定义

下列术语和定义适用于本文件。

3.1

薄皮甜瓜

果实外果皮薄，木栓化程度低，皮、瓤均可食用的甜瓜类型。

4 产地环境条件

选择土质疏松、土层厚、通气良好的土壤栽培。土壤环境质量应符合GB 15618的规定，农田灌溉水水质应符合GB 5084的规定，环境空气质量应符合GB 3095的规定。

5 栽培季节

通常在上年12月下旬至当年3月上中旬播种育苗，2月上旬至4月上旬定植，5月上旬至6月上中旬采收。

DB41/T 2002—2020

6 设施类型

主要包括日光温室、塑料大棚。

7 品种选择

在已通过登记的品种中，选择优质、丰产、果实发育期短、坐果率高、抗逆性强的品种。砧木应选择高抗枯萎病和根结线虫、耐低温、亲和性好的南瓜品种。种子质量应符合GB 16715.1要求。

8 育苗

8.1 育苗设施

选用温室、塑料大棚等设施。冬季育苗应在设施中设加温设备；春季可在设施中进行多层覆盖。

8.2 育苗方法

采用穴盘集约化育苗方式。 一般选用50孔或72孔穴盘。

8.3 育苗基质

选用商品基质或配制基质。基质质量应符合NY/T 2118的要求。

8.4 播种

8.4.1 浸种

将甜瓜种子置于3～4倍种子量的55 ℃温水中，搅拌、自然冷却后，继续浸泡3 h～5 h后捞出洗净。南瓜种子浸种方法同甜瓜，但浸种时间延长为6 h～7 h。采用插接嫁接，南瓜比甜瓜提早3 d～5 d；采用双断根嫁接，甜瓜比南瓜提早3 d～5 d。

8.4.2 催芽

将冲洗干净的种子晾至表面无水分，用干净白色、透气的潮湿棉布包好,置于30 ℃恒温箱中催芽，隔3 h～4 h翻动一次，至60%种子露白即可播种。

8.4.3 播种方法

采用嫁接育苗时，将露白甜瓜种子撒播在装有基质的平盘中，播种后覆盖1 cm厚基质，盖地膜保湿，当70%幼苗顶土时撤除地膜。采用插接嫁接，南瓜播种选用50孔穴盘；采用双断根嫁接，选用50孔或72孔穴盘。每穴1粒种子，播后均匀覆盖1 cm基质并刮平，浇透水后覆上地膜，待70%以上拱土揭掉薄膜。

采用非嫁接育苗时，直接将露白种子播种在50孔或72孔穴盘中，每穴1粒种子，播后覆盖1 cm厚基质，刮平、浇水覆盖地膜。地膜选用应符合GB 13735的规定。

8.5 嫁接前苗床管理

8.5.1 温度

播种后出土前，白天温度保持在28 ℃～32 ℃，夜间20 ℃～25 ℃；幼苗出土后至第一片真叶长出前，白天温度25 ℃～28 ℃，夜间温度16 ℃～18 ℃。第一片真叶长出后，白天温度20 ℃～25 ℃，夜间温度14 ℃～16 ℃。

8.5.2 湿度

保持苗床内相对湿度70%～80%。嫁接前一天浇透水。

8.5.3 光照

幼苗出土后，尽量延长苗床光照时间。

8.6 嫁接

8.6.1 嫁接时期

待南瓜第一片真叶露心、甜瓜子叶展平，于晴天上午进行嫁接。

8.6.2 嫁接方法

8.6.2.1 插接法

在南瓜穴盘进行嫁接。嫁接前抹去南瓜真叶和生长点，用直径0.1 cm～0.2cm竹签向下插0.5 cm～0.7 cm深，用刀片在甜瓜子叶下方1.0 cm～1.5 cm处对切成双斜面，将南瓜生长点处竹签拔出随即插入接穗，甜瓜和南瓜的子叶呈“十字形”，用嫁接夹固定。

8.6.2.2 双断根嫁接法

嫁接前抹去南瓜生长点，从子叶下5 cm～6 cm处平切断，之后嫁接方法与插接法相同，嫁接后插入到穴盘中，深度为2 cm左右。

8.7 嫁接后管理

8.7.1 温度

嫁接愈合前，保持设施内温度白天保持在28 ℃～30 ℃，夜间20 ℃～22 ℃。嫁接愈合后白天25 ℃～28 ℃，夜间18 ℃～20 ℃。移栽前3 d～4 d炼苗，白天温度18 ℃～25 ℃，夜间温度13 ℃～15 ℃。

8.7.2 湿度

嫁接后保持苗床相对湿度在80%以上；第4 d～7 d保持湿度在90%以上；嫁接7 d后保持湿度在70%～80%，视基质水分情况补充水分。定植前苗床浇透水。

8.7.3 光照

嫁接愈合前遮光；愈合后正常光照。

9 整地做垄

9.1 整地施肥

定植前15 d耕翻土壤，每667 m^{2}施优质腐熟有机肥3000 kg～5000 kg，三元素复合肥（15：15：15）50 kg～80 kg，将土壤与肥料耙压、混匀整平。肥料施用应符合NY/T 496的要求。

DB41/T 2002—2020

9.2 做垄

将土壤耙细后做垄。采用一垄双行或单行定植，一垄双行垄宽100 cm，垄高15 cm～20 cm，沟宽60 cm；单行定植垄宽60 cm，垄高20 cm～30 cm，沟宽40 cm。做垄后铺设滴灌管，覆盖地膜。地膜选用应符合GB 13735的规定。

10 定植

10.1 定植时期

设施内10 cm地温稳定在15 ℃以上可定植，一般于2月上旬至4月上旬定植。

10.2 定植密度

每667 m^2种植2000～2200株，一垄双行株距35 cm～40 cm，单行株距30 cm～35 cm。

10.3 定植方法

根据株距打好定植穴，定植时将嫁接苗取出放入定植穴内，深度以营养土块的上表面与垄面平为宜，以疏松细土固定幼苗，浇透定植水，根据设施内温度及时覆盖小拱棚或二层膜。

11 田间管理

11.1 温度管理

定植后生育期内，设施内白天温度保持在28 ℃～35 ℃；定植到开花坐果期夜温15 ℃～18 ℃；果实膨大期至采收，夜温15 ℃～20 ℃。

11.2 肥水管理

伸蔓期根据墒情浇1次水，冲施三元复合肥5 kg/667 m^2～10 kg/667 m^2；开花坐果期保持设施内相对湿度70%～80%，以土壤见干见湿为宜；幼瓜鸡蛋大小时浇1次水，冲施三元复合肥5 kg/667 m^2～10 kg /667 m^2；以后根据土壤墒情、植株长势，适量追肥浇水，果实膨大期可喷施2～3次高钾叶面肥，采收前7 d～10 d停止浇水施肥。

11.3 植株管理

11.3.1 整枝

采用吊蔓栽培、单蔓整枝。待瓜蔓长至 7～8 片真叶时及时按“S”形绑蔓，结果蔓雌花后留 2 叶摘心，主蔓 25～30 叶打顶，去掉未坐果侧蔓和全部腋芽。

11.3.2 授粉

采用人工授粉、蜜蜂授粉或喷施座果灵。从主蔓 8～12 节开始授粉，在雌花开放当天上午 7～10 点进行，连续授粉 5～6 个，授粉后做标记。

11.3.3 留果

瓜胎长至核桃至鸡蛋大小时定瓜，保留个头大小一致、瓜形周正的幼瓜，一般留果 3～4 个。第二茬瓜从第 20 片叶开始授粉，留果 3～4 个。

12 病虫害防治

12.1 防治原则

按照“预防为主、综合防治”的植保方针，坚持“农业防治、物理防治、生物防治为主，化学防治为辅”的原则进行绿色防治。

12.2 防治措施

12.2.1 农业防治

选用高抗、多抗品种；及时清除病虫叶、果和设施周围杂草并集中深埋，保持田间清洁；在夏季灌水高温闷棚15 d～20 d。

12.2.2 物理防治

采用防虫网、银灰色地膜、粘虫板、黑光灯诱虫等措施进行防治。

12.2.3 生物防治

采用性诱剂诱杀、捕食性天敌等措施减少虫害的发生；利用生防菌、微生物制剂等预防病害的发生。

12.2.4 化学防治

农药的使用严格遵守安全间隔期，交替用药。药剂使用应符合GB/T 8321（所有部分）的要求，具体防治方法参见附录A。

13 采收

根据品种特性，按果实成熟天数作标记采收，采收时选择晴天上午，叶面水分干后进行，果柄上保留一段侧蔓形成“T”字形。远距离销售需根据外界的气温高低和路途的远近，确定适宜成熟度采收上市。

DB41/T 2002—2020

附　录　A
（规范性附录）
薄皮甜瓜主要病虫害化学防治

防治主要病虫害的化学药剂及使用方法参见表A.1。

表A.1　薄皮甜瓜主要病虫害化学防治

防治对象	化学药剂及使用方法	安全间隔期
蔓枯病	将25%嘧菌酯悬浮剂800倍液加面粉调成糊状涂抹于病部，结合25%嘧菌酯悬浮剂1000倍液面喷雾防治。	7 d～10 d
枯萎病	64%恶霉灵水剂1000倍，或1%申嗪霉素悬浮剂1500倍液+70%敌克松可湿性粉剂800倍液灌根。	7 d～10 d
白粉病	25%乙嘧酚悬浮剂800倍液，或50%醚菌酯悬浮剂3000倍液防治。	7 d～10 d
疫病	50%烯酰吗啉可湿性粉剂+80%代森锰锌可湿性粉剂800倍液，或68%金雷水分散粒剂600倍防治。	7 d～10 d
霜霉病	68.75%银发利（氟吡菌胺+霜霉威）悬浮剂800倍液防治。	7 d～10 d
病毒病	30%毒氟磷可湿性粉剂500～1000倍，或病毒A（或其他任何防病毒病农药均可）+0.03%尿素+0.1%天然芸薹素喷施防治。	7 d～10 d
细菌性病害	6%春雷霉素水剂600倍防治。	7 d～10 d
蚜虫	10%吡虫啉可湿性粉剂2000～3000倍，或50%吡蚜酮水分散颗粒2000倍防治。	10 d
瓜绢螟	6%乙基多杀菌素悬乳剂1000倍。	7 d～10 d
白粉虱	25%噻嗪酮可湿性粉剂1500～2000倍液，或22.4%螺虫乙酯悬浮剂4000倍防治。	7 d～10 d
红蜘蛛	43%联苯肼酯悬浮剂3000倍，或34%螺螨酯悬浮剂4000倍防治。	7 d～10 d

ICS 65.020.20
CCS B 30

DB41

河　　南　　省　　地　　方　　标　　准

DB41/T 2168—2021

塑料大棚早春茬厚皮甜瓜生产技术规程

2021－10－19 发布　　2022－01－18 实施

河南省市场监督管理局　发布

DB41/T 2168—2021

前　言

本文件按照GB/T 1.1—2020《标准化工作导则　第1部分：标准化文件的结构和起草规则》的规定起草。

本文件由河南省农业农村厅提出并归口。

本文件起草单位：河南省农业科学院园艺研究所、商丘市蔬菜生产办公室。

本文件主要起草人：赵卫星、李晓慧、高宁宁、康利允、梁慎、常高正、余秀真、徐小利、李海伦、王慧颖、刘钦佩、张超峰。

DB41/T 2168—2021

塑料大棚早春茬厚皮甜瓜生产技术规程

1 范围

本文件规定了塑料大棚早春茬厚皮甜瓜生产的产地环境、栽培设施、品种选择、播种育苗、整地施肥、定植、田间管理、病虫害防治及采收的基本要求。

本文件适用于塑料大棚早春茬厚皮甜瓜生产。

2 规范性引用文件

下列文件中的内容通过文中的规范性引用而构成本文件必不可少的条款。其中，注日期的引用文件，仅该日期对应的版本适用于本文件；不注日期的引用文件，其最新版本（包括所有的修改单）适用于本文件。

GB 3095 环境空气质量标准

GB 5084 农田灌溉水质标准

GB/T 8321（所有部分） 农药合理使用准则

GB 13735 聚乙烯吹塑农用地面覆盖薄膜

GB 15618 土壤环境质量 农用地土壤污染风险管控标准（试行）

GB 16715.1 瓜菜作物种子 第1部分：瓜类

NY/T 496 肥料合理使用准则 通则

NY/T 2118 蔬菜育苗基质

3 术语和定义

下列术语和定义适用于本文件。

3.1

塑料大棚

单个棚体跨度在6 m以上、高度2 m以上，塑料薄膜覆盖在特制的支架上而搭成的棚。

3.2

早春茬

冬季育苗，早春定植，春末夏初上市的厚皮甜瓜早熟栽培模式。

3.3

定瓜

在预留坐果节位上选留果形端正、膨大迅速、无病害侵染的幼瓜。

4 产地环境

选择地势高、排灌方便、交通便利、土层深厚、土质肥沃的地块。环境土壤应符合GB 15618的规定，环境空气质量应符合GB 3095的规定，农田灌溉水质应符合GB 5084的规定。

5 栽培设施

主要塑料大棚、连栋塑料大棚等。棚内可采用多层薄膜或保温材料覆盖，棚的门口和入口及上、下通风口安装有防虫网；每一预留栽培行上面距地面2 m处应拉一道铁丝。

6 栽培季节

上年12月下旬至当年2月上旬播种育苗，2月上旬至3月上旬定植，5月上旬至6月上旬采收。

7 品种选择

选择优质、耐低温、耐弱光、抗病性强、易坐果，且已完成非主要农作物品种登记公告的品种；种子质量应符合GB 16715.1的规定。

8 播种育苗

8.1 育苗设施

一般选具有加温设备的日光温室。

8.2 育苗基质

选用质轻、透气性好、保水性良好、含有一定量有机物质和矿质元素的材料配制，一般采用草炭、蛭石及珍珠岩按3∶1∶1的体积比混匀。也可选用商品基质，质量应符合NY/T 2118的要求。

8.3 育苗容器

采用规格为54 cm×28 cm的50孔或72孔穴盘。

8.4 浸种催芽

将种子放入55 ℃～60 ℃温水中，在搅拌下使水温降至30 ℃左右，浸种3 h～5 h；将种子取出后用0.2%的高锰酸钾溶液消毒20 min，清水洗净，用湿布包好，在28 ℃～30 ℃条件下催芽。包衣种子不需进行浸种催芽。

8.5 播种

将露白种子播种于装有基质的穴盘中，每穴1粒，覆盖1 cm～1.5 cm厚基质，播种后浇透水，畦面覆盖地膜，当70%幼苗顶土时及时撤除地膜。地膜应选用符合GB 13735的规定。

8.6 苗期管理

8.6.1 温度

播种至齐苗期间棚内白天温度控制在28 ℃～30 ℃，夜间控制在20 ℃～22 ℃；齐苗至第一真叶展开期间棚内白天温度控制在25 ℃～28 ℃，夜间控制在18 ℃～20 ℃；第一片真叶展开后，白天应逐渐通风，定植前5 d～7 d进行炼苗，白天的温度不超过20 ℃，夜间保持在12 ℃～15 ℃。

8.6.2 湿度

棚内相对湿度宜保持在50%～60%。

8.6.3 水分

出苗前，一般不浇水，出苗后，晴天约2 d～3 d浇1次水，以浇透基质为宜。

8.7 壮苗标准

苗龄在30 d～35 d，3叶一心，苗高10 cm～12 cm，健壮无病虫害，节间短轴叶色浓绿，根系发达。

9 整地施肥

9.1 施基肥

结合整地每667 m^2施用腐熟的有机肥4 m^3～5 m^3或腐熟畜禽粪便2000 kg，做垄前，于垄底撒施三元复合肥（15-15-15）60 kg，或磷酸氢二铵40 kg、硫酸钾20 kg。肥料施用符合NY/T 496的要求。

9.2 整地做垄

定植前10 d～15 d，棚内浇水造墒，深翻耙细，整平，按垄距1.4 m～1.6 m、垄宽60 cm～70 cm、垄高15 cm～25 cm起垄，在垄上铺设滴灌管，覆盖地膜。地膜应符合GB 13735标准。

10 定植

10.1 定植时期

一般2月上旬至3月上旬，棚内10 cm地温稳定在15 ℃以上时，选择晴天上午定植。

10.2 定植密度

大果型品种每667 m^2栽植1700～1800株，小果型品种每667 m^2栽植2000株。

10.3 定植方法

按株距用筒径10 cm～12 cm，筒高15 cm左右的打孔器打孔，将幼苗放入穴，封土固定，浇足定植水，并及时覆土，覆土高度略低于畦面。也可用栽苗机或移栽器定植。

11 田间管理

11.1 温度管理

定植到开花前，棚内温度维持白天30 ℃左右，夜间17 ℃～20 ℃，最低温度应保持在10 ℃以上。开花坐瓜其，白天棚内温度维持在25 ℃～28 ℃，夜间15 ℃～18 ℃。坐瓜后，白天温度控制在28 ℃～32 ℃，夜间15 ℃～18 ℃，最高温度控制在35 ℃以下。

11.2 肥水管理

定植后至伸蔓前土壤湿度保持70%～80%。伸蔓期，结合滴灌每667 m^2施硫酸钾型复合肥5 kg～10 kg。开花至坐果期间控制浇水。定瓜后，结合滴灌每667 m^2可追施硫酸钾型复合肥10 kg～15 kg。此后，隔7 d～10 d再浇一次大水，至采收前7 d～10 d停止浇水。生长期内可叶面喷施0.3%磷酸二氢钾2～3次。肥料施用应符合NY/T 496的要求。

11.3 植株管理

单蔓整枝，吊蔓栽培。定植后开始绑绳，当植株5～7片叶时，把绳子系在植株的根部，把植株绕绳至生长点附近引蔓上绳。留一瓜时，一般在主蔓第10～13节开始留3～4个子蔓结瓜；留两瓜时，在主蔓第10～13节再留2～3个子蔓结瓜；及时打掉其余侧蔓，主蔓在24～25节打顶，打杈应选择晴天上午。

11.4 花果管理

预留节位的雌花开放时，于上午9时至11时，用当天开放的雄花人工授粉或用0.1%噻苯隆辅助保果，或每667 m^2释放80～100头熊蜂授粉。当幼果长到鸡蛋大小时，及时定瓜，摘除多余幼瓜。幼瓜250 g左右时，及时绑瓜固定。

12 病虫害防治

12.1 主要病害

猝倒病、立枯病、蔓枯病、白粉病、霜霉病、炭疽病、枯萎病、灰霉病、细菌性角斑病、细菌性果斑病等。

12.2 主要虫害

蚜虫、美洲斑潜蝇、叶螨、白粉虱、地老虎、蛴螬、蝼蛄等。

12.3 防治措施

12.3.1 农业防治

选用抗病品种，严格种子消毒；培育壮苗，提高抗逆性；创造适宜的肥水、充足的光照和二氧化碳；通过通风和辅助加温等措施，调节棚内适宜的温度和湿度；清洁田园，将田间残枝败叶和杂草清理干净，并集中销毁；冬闲时土壤深翻20 cm～30 cm冻土。

12.3.2 物理防治

大棚门口和入口及下通风口处覆盖1.5 m宽的60目银白色防虫网，顶端通风口处覆盖1 m宽防虫网，棚内每667 m^2悬挂30张25 cm×20 cm黄蓝板趋避和诱杀蚜虫、白粉虱等。

12.3.3 生物防治

每667 m^2释放智利小植绥螨3000头防治螨类，隔15 d～20 d释放一次，连续释放2～3次；每667 m^2释放蚜茧蜂2000～4000头或瓢虫1000头防治蚜虫，隔7 d～10 d释放一次，连续释放2～3次；利用1.4%农抗120稀释400倍液防治枯萎病，2%春雷霉素可湿性粉剂600倍液防治角斑病、果斑病等细菌性病害；10%多抗霉素1000倍液防治灰霉病、白粉病等病害。

12.3.4 化学防治

化学防治使用农药应符合GB/T 8321（所有部分）的规定，防治药剂及使用方法见附录A。

13 采收

13.1 采收时期

根据授粉日期和品种熟性以及果实成熟特征确定采收期。也可将结瓜节位上的叶片叶肉部分失绿斑驳、卷须干枯作为成熟标志采收。就地销售或经短途运输再销售的应在清晨采收九成熟的瓜；供长途运输的应在午后13～15点采收八成熟的瓜。

13.2 采后处理

采收时用剪刀将果柄剪下，形成“T”字型，瓜柄应保留1 cm～2 cm。采收后的瓜要及时运到荫凉的地方存放，及时清洁瓜面，贴上商标，严格分级，包装。

14 田间档案

生产过程中，应建立田间档案，并妥善保存，以备查阅。

DB41/T 2168—2021

附 录 A
（资料性）
病虫害防治药剂及使用方法

防治主要病虫害的化学药剂及使用方法见表A.1。

表A.1 病虫害防治药剂及使用方法

时期	对象	防治药剂及使用方法
苗期	立枯病、猝倒病	50%咯菌腈可湿性粉剂1000～1500倍液，或72.2%霜霉威水剂400～600倍液，或25%嘧菌酯悬浮剂1000～1500倍液均匀喷雾
田间生长期	蔓枯病	25%嘧菌酯悬浮剂1000倍液，或20%苯醚甲环唑微乳剂2000倍液，或70%甲基硫菌灵可湿性粉剂500倍液均匀喷雾
	白粉病	20%苯醚甲环唑微乳剂2000倍液，或43%戊唑醇可溶性粉剂3000倍液，或40%氟硅唑乳油8000倍液均匀喷雾
	霜霉病	68.75%氟吡菌胺霜霉威盐酸盐悬浮剂600～800倍液，或50%烯酰吗啉可湿性粉剂2000～3000倍液，或52.5%噁唑菌酮霜脲氰水分散粒剂2000～3000倍液均匀喷雾
	炭疽病	50%咪鲜胺可湿性粉剂1500～2000倍液，或20%苯醚甲环唑微乳剂2000倍液喷雾
	枯萎病	50%咯菌腈可湿性粉剂1000～1500倍液，或1%申嗪霉素1500倍液+70%敌克松800倍液，或64%恶霉灵1000倍液灌根
	灰霉病	10%腐霉利烟熏剂每667 m^2用200 g～250 g，熏3 h～4 h；40%嘧霉胺悬浮剂800～1200倍液，或50%啶酰菌胺水分散粒剂1000～1500倍液均匀喷雾
	细菌性角斑病	77%氢氧化铜可湿性粉剂400倍液，或20%噻菌铜可湿性粉剂600～800倍液均匀喷雾。
	细菌性果斑病	发病初期可用2%春雷霉素可湿性粉剂600倍液，或47%春雷王铜可湿性粉剂1000倍液，或90%新植霉素可湿性粉剂1500倍液，或77%氢氧化铜可湿性粉剂400倍液喷雾
	蚜虫	10%吡虫啉可湿性粉剂1500倍液，或20%啶虫脒乳油5000倍液，或25%噻虫嗪水分散粒剂5000～6000倍液均匀喷雾
	美洲斑潜蝇	75%灭蝇胺可湿性粉剂1500～2000倍液，或1.8%阿维菌素乳油1000～2000倍液均匀喷雾
	叶螨	15%哒螨灵乳油1000倍液，或1.8%阿维菌素乳油1000～2000倍液，或5%噻螨酮乳油1500倍液均匀喷雾
	白粉虱	3%啶虫脒微乳剂500倍液，或10%吡虫啉可湿性粉剂1500倍液，或25%噻虫嗪水分散粒剂5000～6000倍液均匀喷雾
	地老虎、蛴螬、蝼蛄	3%辛硫磷颗粒剂，每667 m^2使用4000 g～5000 g沟施；80%敌百虫可湿性粉剂800～1000倍液均匀喷雾

ICS 65.020.20
B 31

DB41

河　南　省　地　方　标　准

DB 41/T 1600—2018

网纹甜瓜设施生产技术规程

2018 - 04 - 17 发布　　2018 - 07 - 17 实施

河南省质量技术监督局　发布

DB41/T 1600—2018

前　　言

本标准按照GB/T 1.1—2009给出的规则起草。

本标准由河南省农业科学院提出。

本标准起草单位：河南省农业科学院园艺研究所。

本标准主要起草人：赵卫星、李晓慧、常高正、梁慎、康利允、高宁宁、李海伦。

DB41/T 1600—2018

网纹甜瓜设施生产技术规程

1 范围

本标准规定了网纹甜瓜设施生产术语和定义、产地环境条件、育苗、定植、田间管理、病虫害防治及采收等技术规程。

本标准适用于网纹甜瓜设施生产。

2 规范性引用文件

下列文件对于本文件的应用是必不可少的。凡是注日期的引用文件，仅注日期的版本适用于本文件。凡是不注日期的引用文件，其最新版本（包括所有的修改单）适用于本文件。

GB 3095 环境空气质量标准

GB 5084 农田灌溉水质标准

GB/T 8321（所有部分） 农药合理使用准则

GB 13735 聚乙烯吹塑农用地面覆盖薄膜

GB 15618 环境土壤质量标准

GB 16715.1 瓜菜作物种子第1部分：瓜类

NY/T 496 肥料合理使用准则 通则

NY/T 2118 蔬菜育苗基质

DB41/T 732 设施厚皮甜瓜无公害栽培技术规程

3 术语和定义

下列术语和定义适用于本文件。

3.1

网纹甜瓜

在果实成熟期外表皮有明显木栓化组织的甜瓜类型。

4 产地环境条件

选择土质疏松、土层厚、通气良好的土壤种植，土壤环境质量应符合GB 15618的规定，农田灌溉水水质应符合GB 5084的规定，环境空气质量应符合GB 3095的规定。

5 栽培季节

5.1 冬春季生产

上年12月下旬～下年3月上中旬播种育苗，2月上旬～4月上旬定植，5月上中旬～7月上中旬采收。

5.2 夏秋季生产

7月中下旬播种育苗或直播，8月上中旬定植，9月下旬～10月上中旬采收。

6 育苗

6.1 品种选择

选择通过品种登记的适宜相应茬口的优良品种，冬春季生产应选择耐低温弱光性强的品种，夏秋季生产应选择耐湿和抗裂的品种。

6.2 种子质量

应符合GB 16715.1 瓜菜作物种子 第1部分：瓜类。

6.3 育苗设施

选用温室、塑料大棚等设施。冬季育苗应采用有加温设备的温室，也可铺设电热线，制作电热温床；春季可采用多层覆盖或加保温被；夏季可选用配有防虫网、遮阳网的塑料大棚。

6.4 基质

基质质量应符合NY/T 2118的要求。可选用商品基质，也可选用质轻、透气性好、保水性良好、含有一定量有机物质和矿质元素的材料配制，一般用草炭、蛭石及珍珠岩按3∶1∶1的体积比混匀。

6.5 容器

育苗要采用不超过72孔的穴盘。

6.6 种子处理

将种子置于55 ℃温水中，搅拌、自然冷却后，继续浸种3 h～4 h后捞出洗净，用干净无色的湿棉布包好,置于30 ℃恒温箱中催芽至露白。

6.7 播种

将露白种子播种于浇足底水的装有基质的穴盘中，每穴1粒，覆盖1 cm厚基质，播种后床面覆盖地膜，当70%幼苗顶土时及时撤除地膜。地膜选用应符合GB 13735的规定。

6.8 苗期管理

6.8.1 温度

播种至齐苗期间棚内白天温度控制在28 ℃～30 ℃，夜间控制在20 ℃～22 ℃；齐苗至第一真叶展开期间棚内白天温度控制在25 ℃～28 ℃，夜间控制在18 ℃～20 ℃；第一片真叶展开后，白天应逐渐通风，定植前5 d～7 d天进行炼苗，白天的温度不超过20 ℃，夜间保持在8 ℃～10 ℃。

6.8.2 湿度

设施内相对湿度宜保持在70%～80%。

6.8.3 水分

含水量保持在最大持水量的60%～70%。

6.8.4 壮苗标准

幼苗2叶1心至3叶1心，子叶完整，株高10 cm～12 cm，茎粗0.5 cm以上，无病虫害。

7 定植

7.1 定植前准备

7.1.1 设施类型选择

冬春季生产采用日光温室或塑料大棚，夏秋季生产一般采用塑料大棚。

7.1.2 整地

定植前15 d 耕翻土壤，深度15 cm～20 cm，将土壤耙细后做畦。冬春季采用一垄双行或单行定植，一垄双行垄宽100 cm，垄高15 cm～20 cm，沟宽60 cm；单行定植垄宽60 cm，垄高20 cm～30 cm，沟宽40 cm。做畦后铺设滴灌管，盖上地膜。地膜应选用符合GB 13735的规定。

7.1.3 施肥

肥料使用应符合NY/T 496的要求。结合整地，把基肥施入定植沟内，每667 m^2施腐熟有机肥2000 kg～3000 kg，三元素复合肥（N: P_2O_5: K_2O = 15：15：15）50 kg。

7.1.4 浇水

定植前苗床内浇透水。

7.2 定植

7.2.1 定植时间

冬春季一般2月上旬～4月上旬定植，棚内10 cm地温稳定在15 ℃以上时即可定植；夏秋季一般在8月上中旬定植。

7.2.2 定植密度

根据品种和茬口有所不同，单行种植株距40 cm～45 cm，每667 m^2种植1800株～2000株，双行种植株距35 cm～40 cm，每667 m^2种植1700株～1900株；定植深度以营养土块的上表面与垄面平齐为宜，定植后及时浇足水。

8 田间管理

8.1 温度

定植后生育期内，设施内白天温度控制在28 ℃～35 ℃；定植到开花坐果期夜间温度控制在18 ℃～20 ℃，果皮硬化到网纹形成初期，夜间温度以12 ℃～15 ℃为宜；网纹形成初期到网纹形成结束，夜间温度保持在15 ℃～18 ℃；网纹形成结束到采收，夜间温度控制在15 ℃～20 ℃。

8.2 湿度

定植到果实膨大期，控制在75%～85%；果实膨大到网纹形成，控制在80%～85%；网纹形成后到采收，控制在65%～75%。

8.3　水分

定植时浇足底水，生长期中午植株叶片刚开始萎蔫时，及时补水；结果前期（约鸡蛋大时）适当控水，坐果后15 d～20 d，适当增加灌水量；网纹形成期间，适当控水；采收前7 d～10 d停止浇水。

8.4　追肥

肥料使用应符合NY/T 496的要求。采用肥水一体化设备，在伸蔓初期追施一次速效氮肥5 kg/667 m^2，幼果膨大期（约鸡蛋大时），追施高钾复合肥15 kg/667 m^2～20 kg/667 m^2，网纹形成期追施硫酸钾型复合肥5 kg/667 m^2～10 kg/667 m^2，同时也可叶面喷施0.2%～0.3%的磷酸二氢钾。

8.5　整枝

采用吊蔓栽培，当蔓长达到7～8片真叶时，及时绑蔓。一般采用单蔓整枝，将主蔓8～12节上的子蔓留作结果蔓，结果蔓留2叶摘心，其余子蔓全部摘除，主蔓24～25节摘心。根据品种特性和植株长势，冬春季栽培可留2茬果，一般与1茬果间隔10节以上再留1果。

8.6　授粉与留果

可采用人工授粉或蜜蜂授粉。温度较低时，也可采用0.1%氯吡脲或0.1%噻苯隆稀释150～250倍液辅助座果。当果实鸡蛋大时，每结果蔓选留生长健壮、果形周正、无病虫害的幼果1个，并做标记。

9　病虫害防治

9.1　主要病虫害

主要病害：蔓枯病、枯萎病、白粉病、疫病、霜霉病、检疫性病害（病毒病、细菌性果斑病）等；主要虫害：蚜虫、瓜绢螟、白粉虱、红蜘蛛等。

9.2　防治原则

预防为主，综合防治，优先采用农业防治、物理防治、生物防治，药剂防治为辅。

9.3　防治措施

9.3.1　农业防治

选用抗病品种，严格进行种子消毒；培育壮苗，提高抗逆性；保证适宜的肥水、充足的光照和二氧化碳；通过通风和辅助加温等措施，调节设施内适宜的温度和湿度；清洁田园，将田间残枝败叶和杂草清理干净，并集中销毁；土壤深翻 20 cm～30 cm；夏季灌水闷棚 15 d～20 d 消毒。

9.3.2　物理防治

采用银灰色防虫网、银膜避蚜、悬挂粘虫板诱杀蚜虫、白粉虱等，在设施周围挂黑光灯诱虫瓜绢螟成虫。

9.3.3　生物防治

利用在设施内释放赤眼蜂防治菜青虫，释放瓢虫或烟蚜茧蜂防治蚜虫，释放捕食螨防治螨类；利用农抗 120 防治枯萎病，春雷霉素防治角斑病、青枯病等细菌性病害；利用多抗霉素防治灰霉病、白粉病、疫病等病害。

9.3.4 化学防治

药剂使用应符合 GB/T 8321 的要求，具体防治方法参见附录 A。

10 采收

可根据品种特性，按果实成熟天数作标记采收，或以坐瓜节位叶片焦枯为标志采收，采收时选择晴天上午，叶面水分干后进行，果柄上保留一段侧蔓形成“T”字形。

附 录 A
（资料性附录）
防治主要病虫害的化学药剂及使用方法

防治主要病虫害的化学药剂及使用方法参见表A.1。

表A.1 防治主要病虫害的化学药剂及使用方法

防治对象	化学药剂及使用方法	安全间隔期
蔓枯病	将25%嘧菌酯悬浮剂800倍液加面粉调成糊状涂抹于病部，结合25%嘧菌酯悬浮剂1000倍喷雾防治。	7 d～10 d
枯萎病	64%恶霉灵水剂1000倍，或1% 申嗪霉素悬浮剂1500倍液+70%敌克松可湿性粉剂800倍液灌根。	7 d～10 d
白粉病	25%乙嘧酚悬浮剂800倍液或50%醚菌酯悬浮剂3000倍液喷雾防治。	7 d～10 d
疫病	50%烯酰吗啉可湿性粉剂+80%代森锰锌可湿性粉剂800倍液或68%精甲霜灵·锰锌水分散粒剂600倍喷雾防治。	7 d～10 d
霜霉病	68.75%氟菌·霜霉威悬浮剂800倍液喷雾防治。	7 d～10 d
病毒病	30%毒氟磷可湿性粉剂500～1000倍喷雾防治。	7 d～10 d
细菌性果斑病害	72%农用硫酸链霉素可溶性粉剂1000倍喷雾防治。	7 d～10 d
蚜虫	10%吡虫啉可湿性粉剂2000～3000倍或50%吡蚜酮水分散颗粒2000倍喷雾防治。	10 d
瓜绢螟	5%甲胺基阿维菌素苯甲酸盐水剂3000倍喷雾防治。	7 d～10 d
白粉虱	25%噻嗪酮可湿性粉剂1500～2000倍液，或22.4%螺虫乙酯悬浮剂4000倍防治喷雾防治。	7 d～10 d
红蜘蛛	43%联苯肼酯悬浮剂3000倍或34%螺螨酯悬浮剂4000倍喷雾防治。	7 d～10 d

ICS 65.020.20
B 05

DB41

河　　南　　省　　地　　方　　标　　准

DB41/1340—2016

小果型西瓜春茬设施栽培技术规程

2016-12-29 发布　　2017-03-29 实施

河南省质量技术监督局　发布

前　言

本标准依照GB/T 1.1-2009给出的起草规则编制。

本标准由中国农业科学院郑州果树研究所提出并归口。

本标准起草单位：中国农业科学院郑州果树研究所、河南省西瓜育种工程技术研究中心、洛阳市农发农业科技有限公司、洛阳市质量技术监督局、孟津县质量技术监督局、洛阳市质量技术监督检验测试中心。

本标准主要起草人：刘君璞、孙德玺、朱学杰、邓云、朱学民、朱迎春、杨耀武。

本标准参加起草人：朱忠厚、刘军霞、朱志渊、安国林、李卫华。

DB41/T 1340—2016

小果型西瓜春茬设施栽培技术规程

1 范围

本标准规定了小果型西瓜春茬设施栽培的术语和定义、产地环境、栽培技术、病虫害防治和采收。

本标准适用于小果型西瓜春茬设施栽培。

2 规范性引用文件

下列文件对于本文件的应用是必不可少的。凡是注日期的引用文件，仅注日期的版本适用于本文件。凡是不注日期的引用文件，其最新版本（包括所有的修改单）适用于本文件。

GB 4285 农药安全使用标准

GB 5084 农田灌溉水质标准

GB/T 8321.1 农药合理使用准则（一）

GB/T 8321.2 农药合理使用准则（二）

GB/T 8321.3 农药合理使用准则（三）

GB/T 8321.4 农药合理使用准则（四）

GB/T 8321.5 农药合理使用准则（五）

GB/T 8321.6 农药合理使用准则（六）

GB/T 8321.7 农药合理使用准则（七）

GB/T 8321.8 农药合理使用准则（八）

GB/T 8321.9 农药合理使用准则（九）

GB 16715.1 瓜类作物种子 第1部分：瓜类

GB/T 23416.3 蔬菜病虫害安全防治技术规范 第3部分：瓜类

NY/T 496 肥料合理使用准则通则

NY/T 5010 无公害农产品种植业 产地环境条件

DB41/T 653 西瓜嫁接育苗技术规程

3 术语和定义

下列术语和定义适用于本文件。

3.1

小果型西瓜

单果重不大于2.5 kg、果实发育期短、品质优良的西瓜。

3.2

春茬栽培

2～3月份定植在日光温室或塑料大棚的栽培模式。

4 产地环境

DB41/T 1340—2016

4.1 选地

宜选2年内未种植过西瓜、甜瓜作物的地块。土壤条件应符合NY/T 5010的规定。

4.2 水源及水质

用清洁、无污染的水源，灌溉水质应符合GB 5084的规定。

5 栽培技术

5.1 品种和种子

5.1.1 品种选择

选择抗逆性强、易座果、品质优良、稳产、商品性好、适合市场需求的早熟品种。

5.1.2 种子质量

应符合GB 16715.1的规定。

5.2 育苗

5.2.1 时间

定植前25 d～30 d。

5.2.2 场所

选择保温、保湿、通风和透（遮）光良好、管理、运输方便的育苗场所。

5.2.3 方式

5.2.3.1 自根苗

5.2.3.2 种子处理

按DB41/T 653的规定执行。

5.2.3.3 催芽

浸种后用布卷或者发芽箱隔板分层放置于28 ℃～32 ℃环境中催芽24 h～48 h，分批捡出露出芽尖的种子待播。三倍体西瓜种子浸种后擦净种子表皮水分，用钳子或牙齿轻轻嗑开坚厚的种喙（又称“破壳”），然后用不能拧出水分的湿布分层包好，置于28 ℃～33 ℃的温度下催芽12 h～36 h，分批捡出露出芽尖的种子待播。

5.2.3.4 播种

选用催芽后露出根尖的种子，平放于育苗穴盘中，一穴一粒，上盖1.5 cm～2.0 cm的湿润育苗基质或者湿沙。

5.2.3.5 温湿度管理

白天保持20 ℃～28 ℃，夜间15 ℃左右。当真叶开始生长时，应逐渐加大通风，增加光照，促使正常生长。第二真叶展开时，采取较大温差管理，白天28 ℃左右，夜间15 ℃左右，以促进幼苗健壮。遇到阴雨天苗床湿度过大，可撒细干土，坚持每天通风，保障空气流通。

5.2.3.6 肥水管理

播种前施足底水，出土前严禁浇水。第一片真叶展开后随着放风量的加大，中午苗子出现萎蔫时可使用带细喷头的水管或喷壶浇透水。根据幼苗长势和叶色，浇水时随施用0.1%～0.2%的尿素溶液或0.2%的磷酸二氢钾溶液浇施在苗面上，达到浇施均匀。

5.2.3.7 炼苗

在定植前3天，选择晴暖天气，结合浇水，喷一次防病药剂，降低苗床温度，增加通风量，适当抑制幼苗生长，增强抗逆力。

5.2.3.8 壮苗

苗龄25 d～30 d，苗高6 cm～13 cm，真叶3～4片，叶色浓绿，子叶完整，幼茎粗壮。

5.2.3.9 嫁接苗

按DB41/T 653的规定执行。

5.3 定植前准备

5.3.1 整地

定植前进行深耕25 cm以上。将基肥均匀撒施，每667 ㎡施入优质腐熟有机肥2000 kg～3000 kg，氮、磷、钾含量（15:15:15）的复合肥20 kg。起宽60 cm～70 cm、高15 cm～18 cm的定植垄，沟心距1.5 m。

5.3.2 铺设地膜与滴灌带

在定植垄上铺设滴灌带和覆膜。

5.4 定植

5.4.1 时间

定植行内10 cm处地温应稳定在12 ℃以上，白天平均气温稳定超过15 ℃，晴天定植。具体开始定植时间，日光温室2月上旬，双层覆盖大棚2月下旬，单层覆盖大棚3月上旬。

5.4.2 密度

采用宽窄行定植，宽行行距90 cm，窄行行距60 cm，株距40 cm～45 cm。

5.4.3 方法

按照5.4.2要求的株距，开定植穴，再放入西瓜苗，定植时应保证幼苗茎叶与苗坨的完整，定植深度以苗坨上表面与畦面齐平或稍低（不超过2 cm）为宜，培土至茎基部，并封住定植穴，浇足定植水。

5.5 田间管理

5.5.1 温湿度管理

DB41/T 1340—2016

定植后7 d～10 d，要密封棚膜，不进行通风换气，提高土温，促进发根，加快缓苗。

伸蔓期，缓苗后可开始通风，以调节棚内温度。一般白天不高于35 ℃，夜间不低于15 ℃，随外界气温的回升逐渐加大通风量。大棚内的温度管理可以通过通风口的大小进行调节。开花期，应保持充足的光照和适当拉大夜温差，保持和调整植株长势，促进瓜胎发育和座瓜。膨瓜期，白天保持棚温35 ℃，夜间不低于20 ℃，加快瓜果膨。成熟期，拉大昼夜温差，促进糖分结累和第二批瓜座果。

大棚内空气相对湿度较高，虽采用地膜全层覆盖，降低棚内空气湿度，但随植株蔓叶封行后，由于蒸腾量大，灌水量的增加，棚内湿度增高。白天相对湿度一般达到在60%～70%，夜间和阴雨天达80%～90%。为降低棚内湿度，减少病害，可采取晴暖白天适当晚关闭放风口，平时尽量减少灌水次数来实现。生长中后期，以保持相对湿度60%～70%为宜。

5.5.2 水肥管理

5.5.2.1 定植期

定植水应滴足、滴透，膜下土壤全部湿透且浸润至膜外部边沿土壤。

5.5.2.2 伸蔓期

伸蔓初期滴灌浇水1次，以后每隔5 d～7 d滴灌浇水1次。

5.5.2.3 膨果期

坐果后每667 m^2追施氮（N）12 kg、磷（P_2O_5）7 kg、钾（K_2O）10 kg（采用水溶性肥料），方法为随水滴施。

5.5.2.4 成熟期

果实采收前5 d～7 d停止滴灌浇水。

5.5.2.5 施肥

生长前期以有机肥为主，配施氮、磷、钾复合肥，后期追施磷钾速效肥。肥料使用按NY/T 496规定执行。

5.5.3 植株调整

两蔓或者三蔓整枝，待瓜蔓长40 cm～50 cm时，将主蔓吊起，侧蔓地爬。

5.5.4 辅助授粉

5.5.4.1 人工授粉

第二雌花开放时，每天上午7～10时用当天开放的雄花雄蕊涂抹在雌花的柱头，进行人工辅助授粉，一般一朵雄花可抹3～5朵雌花。无籽西瓜的雌花用有籽西瓜（授粉品种）的花粉进行人工辅助授粉。授粉后在坐果节位拴上不同颜色的绳子（或标牌），3天换一次。第一茬瓜定个后（大约授粉结束20 d）选择健壮雌花授粉，做好授粉标记。

5.5.4.2 蜜蜂授粉

在西瓜传粉前1周，将蜂箱搬进大棚。1箱微型授粉专用蜂群可用于667 m^2左右瓜棚，在晴朗d气，为西瓜有效授粉 6 d～10 d即可。每箱有蜜蜂1～2框(2 000～4 000只)。

5.5.5 选果留果

幼果生长至鸡蛋大小时，及时剔除畸形瓜,选健壮果实留果，一般每株只留1个果。

5.5.6 果实管理

幼果生长至拳头大小时将幼果果柄顺直，然后在幼果下面垫上瓜垫。吊蔓栽培时，果实大约500 g时用网袋将小瓜装进去吊在铁丝上，防治损伤果柄和果皮。

6 病虫害防治

6.1 主要病虫害

西瓜主要虫害：小地老虎、瓜蚜、瓜叶螨、瓜蓟马、瓜实蝇、潜叶蝇、白粉虱和线虫等。
主要病害:猝倒病、疫病、炭疽病、白粉病、蔓枯病和枯萎病等。

6.2 防治原则

预防为主，综合防治。

6.3 防治方法

6.3.1 农业防治

减少重茬，施用充分腐熟的有机肥，提倡全园覆膜，滴灌浇水，加强通风。

6.3.2 物理防治

防虫网封闭放风口，采用黄板、蓝板诱杀。高温季节，封死棚膜、地膜，灌水闷棚3 d～5 d。

6.3.3 化学防治

化学农药按GB 4285、GB/T 8321. 1、GB/T 8321. 2、GB/T 8321. 3、GB/T 8321. 4、GB/T 8321. 5、GB/T 8321. 6、GB/T 8321. 7、GB/T 8321. 8、和GB/T 8321. 9的规定执行。

7 采收

7.1 成熟度的判别

7.1.1 标记法

做好标记，依据生长天数，品种特性结合摘样试测，确定成熟度。

7.1.2 经验识别法

成熟的西瓜果皮光亮，花纹清晰，显示本品种固有色泽，果脐凹陷，果蒂处略有收缩，果柄上的茸毛脱落稀疏，结果部位前后节位卷须枯萎。

7.2 采收时间

短距离运输时，成熟时采收长。长途运输时成熟前3 d～4 d采收。雨后、中午烈日时不应采收。

7.3 采收方法

DB41/T 1340—2016

采收时保留瓜柄，用于贮藏的西瓜在瓜柄上端留 5 cm以上枝蔓。

采收后防止日晒、雨淋，及时运送出售，暂时不能装运的，应放在阴凉处，并轻拿轻放。

8 包装、运输及贮藏

8.1 包装

包装上标明品名、规格、毛重、净含量、产地、生产者、采摘日期、包装日期。采用硬纸箱包装。每箱装瓜4～6个，只装一层，每个均用发泡网包好，然后用打包机捆扎结实。

8.2 运输及贮藏

运输工具清洁、卫生、无污染，运输时防雨、防晒，注意通风散热；运输适宜温度4 ℃～6 ℃，空气相对湿度80%～85%。

贮藏温度5 ℃～7 ℃，空气相对湿度70%～80%，库内堆放应气流均匀畅通，贮藏期2 d～5 d。

9 田间档案

小果型西瓜生产过程中，应建立田间档案，并妥善保存，以备查阅。

ICS 65.020.20
B 05

DB41

河　南　省　地　方　标　准

DB 41/T 1598—2018

小果型西瓜秋延后栽培技术规程

2018 - 04 - 17 发布　　2018 - 07 - 17 实施

河南省质量技术监督局　发布

DB41/T 1598—2018

前 言

本标准依照GB/T 1.1—2009给出的起草规则编制。
本标准由中国农业科学院郑州果树研究所提出并归口。
本标准起草单位：中国农业科学院郑州果树研究所。
本标准主要起草人：刘君璞、孙德玺、邓云、朱迎春、安国林、李卫华。

DB41/T 1598—2018

小果型西瓜秋延后栽培技术规程

1 范围

本标准规定了小果型西瓜秋延后栽培的术语和定义、产地环境、栽培技术、病虫害防治和采收。

本标准适用于小果型西瓜秋延后栽培。

2 规范性引用文件

下列文件对于本文件的应用是必不可少的。凡是注日期的引用文件，仅注日期的版本适用于本文件。凡是不注日期的引用文件，其最新版本（包括所有的修改单）适用于本文件。

GB/T 8321.1 （所有部分） 农药合理使用准则

GB 16715.1 瓜类作物种子 第1部分：瓜类

NY/T 496 肥料合理使用准则通则

NY/T 1276 农药安全使用规范 总则

NY/T 5010 无公害农产品种植业 产地环境条件

DB41/T 653 西瓜嫁接育苗技术规程

3 术语和定义

下列术语和定义适用于本文件。

3.1

小果型西瓜

标准单果重不大于2.5 kg、果实发育期短、品质优良的西瓜。

3.2

秋延后栽培

选用早熟品种，在7月中旬至8月上旬定植在日光温室或塑料大棚内，10月份上市的栽培模式。

4 产地环境及栽培设施

4.1 产地环境

选择有水源且水质好、排灌方便、通透性好的田块。产地条件应符合NY 5010的规定。

4.2 栽培设施

栽培设施一般采用单跨8 m～12 m的日光温室；单跨5 m～10 m的单栋或连栋塑料大棚。

5 栽培技术

5.1 品种和种子

5.1.1 品种选择

选择耐高温高湿、抗病性强、易座果、品质优良、稳产、商品性好、适合市场需求的早熟品种。

5.1.2 种子质量

应符合GB 16715.1的规定。

5.2 育苗

5.2.1 时间

7 月上旬至7月下旬。

5.2.2 场所及消毒

选用有遮阳和降温设备的日光温室或大拱棚，每667 m^2 用1.65 kg高锰酸钾、1.65 L甲醛、8.4 kg开水混合液反应消毒。先将甲醛加入开水中，再加入高锰酸钾，分3～4个点产生烟雾反应，然后封闭大棚48 h，通风待气味散尽后即可使用。

5.2.3 育苗盘选择与消毒

50 孔标准穴盘或10 cm×10 cm育苗钵。嫁接育苗时砧木播种用穴盘，接穗播种选用平底育苗盘。穴盘、育苗钵和平盘使用前用1000倍高锰酸钾液浸泡10 min消毒，清水洗净后备用。

5.2.4 育苗基质准备

直接购买成品的专用育苗基质，也可自行配制。基质配方：$V_{优质草炭}$:$V_{蛭石}$:$V_{珍珠岩}$=3:1:1，混匀过程中每 m^3加入1 kg 三元复合肥、50%多菌灵粉剂0.2 kg，加水使基质含水量达50%～60%，搅拌均匀用薄膜盖好待用。

5.2.5 育苗方法

5.2.5.1 自根苗

5.2.5.1.1 种子处理及催芽

种子的处理及催芽按DB41/T 653的规定执行。

5.2.5.1.2 播种

选用催芽后露出根尖的种子，平放于育苗穴盘中，一穴一粒，上盖1.5 cm～2.0 cm的湿润育苗基质或者湿沙。搭建小拱棚，上覆遮阳网降温。

5.2.5.1.3 苗期管理

育苗场所应充分通风。幼苗拱土后，立即去除苗床上的塑料薄膜。晴天每天9：00～16：00时苗床要覆盖遮光率为50%的遮阳网防高温，阴雨天揭除遮阳网。出苗后及时揭去遮阳网，加强通风，防止高温高湿产生高脚苗。出苗后，如幼苗期遇35 ℃以上的高温，晴天中午可用遮阳网遮盖2 h～3 h，防止高温烫苗。干旱需浇水，宜在清晨或傍晚进行，且一次性浇足浇透。为防止形成高脚苗，可在幼苗出土子叶展开后，喷施100 mg/L 多效唑溶液至子叶湿润不滴水。

5.2.5.1.4 壮苗

苗龄12 d～15 d，真叶2～3片，叶色浓绿，子叶完整，幼茎粗壮。

5.2.5.2 嫁接苗

嫁接操作按DB41/T 653的规定执行。

5.2.5.2.1 砧穗播期确定

插接法：砧木和接穗都是催芽后播种，先播砧木，砧木出苗后第1片真叶露心时播西瓜接穗，这样在砧木1叶1心期、接穗子叶展平期为嫁接适期。

靠接法：催芽播种，先播西瓜，待西瓜出齐苗播南瓜砧木，砧木第1片真叶展开，接穗1 叶1 心期为嫁接适期。

5.2.5.2.2 秋延后嫁接苗湿度管理

嫁接后1 d～3 d 为愈合期，空气相对湿度保持在95%以上，盖遮阳网遮光降温。嫁接后1 d～3 d每天7：00 前揭开苗床薄膜晾至叶面无水珠并且接穗不萎蔫时再盖上，防止烂苗。3 d后在早晨和傍晚增加换气时间，7 d左右去掉拱棚膜，准备定植。

5.2.5.2.3 秋延后嫁接苗光照和温度管理

保持苗床温度在30 ℃～32 ℃。嫁接后1 d就可以适当见光，但时间要短，3 d后可逐渐延长光照时间，加大光照强度，1周后就不再需要遮阴。阴天苗床不遮光，但转晴后接穗易萎蔫，一定要及时遮阴，并适时见光炼苗。

5.3 定植

5.3.1 整地

定植前将基肥均匀撒施，每667 ㎡施入优质腐熟有机肥2000 kg～3000 kg，氮、磷、钾含量(15:15:15)的复合肥20 kg，然后深耕25 cm以上。起宽60 cm～70 cm、高15 cm～18 cm的定植垄，沟心距1.5 m。

5.3.2 铺设地膜与滴灌带

在定植垄上铺设滴灌带后覆膜。

5.4 定植

5.4.1 时间

宜选择阴天或晴天下午定植。

5.4.2 密度

采用宽窄行定植，宽行行距90 cm，窄行行距60 cm，株距40 cm～45 cm。

5.4.3 方法

按照5.4.2要求的株距，开定植穴，再放入西瓜苗，定植时应保证幼苗茎叶与苗坨的完整，定植深度以苗坨上表面与畦面齐平或稍低（不超过2 cm）为宜，培土至茎基部，并封住定植穴，浇足定植水。

5.5 田间管理

5.5.1 温度、湿度管理

定植期和伸蔓期，晴天9：00～16：30遮阳降温，加强通风，调节棚内温度白天不高于35 ℃，阴雨天，揭除遮阳网。随外界气温的下降，应揭除遮阳网，逐渐减少通风量。西瓜开花授粉时白天温度一般保持在25 ℃～28 ℃，夜间温度保持在15 ℃以上。膨瓜期白天气温保持在28 ℃～30 ℃，夜间温度也保持在15 ℃以上。

伸蔓期棚内湿度要尽量降低，最好保持在50%～60%，干旱时及时浇水。座果期应控制浇水，植株不出现萎蔫一般不浇水。膨果期应降低棚内空气相对湿度到80%以下。

5.5.2 水肥管理

5.5.2.1 定植期

定植水应滴足、滴透，标准为膜下土壤全部湿透且浸润至膜外部边沿土壤。

5.5.2.2 伸蔓期

伸蔓期气温偏高，可适当加大浇水量。伸蔓初期滴灌浇水1次，以后每隔4 d～6 d滴灌浇水1次。

5.5.2.3 膨果期

坐果后每667 m^2追施氮（N）12 kg、磷（P_2O_5）7 kg、钾（K_2O）10 kg（采用水溶性肥料），方法为随水滴施。

5.5.2.4 成熟期

果实采收前10 d停止滴灌浇水。

5.5.2.5 施肥

生长前期以有机肥为主，配施氮、磷、钾复合肥，后期追施磷钾速效肥。肥料使用按NY/T 496规定执行。

5.5.3 植株调整

两蔓或者三蔓整枝，待瓜蔓长40 cm～50 cm时，将主蔓吊起，侧蔓爬地。

5.5.4 辅助授粉

5.5.4.1 人工授粉

第二雌花开放时，每天上午7:00～10:00用当天开放的雄花雄蕊涂抹在雌花的柱头，进行人工辅助授粉，一般一朵雄花可抹3～5朵雌花。无籽西瓜的雌花用有籽西瓜（授粉品种）的花粉进行人工辅助授粉。授粉后在坐果节位上依据不同的授粉时期系上不同颜色的绳子（或标牌），做好授粉标记，3天换一次颜色。

5.5.4.2 蜜蜂授粉

在西瓜传粉前1周，将蜂箱搬进大棚。1箱微型授粉专用蜂群可用于667 m^2左右瓜棚，在晴朗天气，有效授粉 6 d～10 d即可。每箱有蜜蜂1～2框(2 000～4 000只)。

5.5.5 选果留果

幼果生长至鸡蛋大小时，及时剔除畸形瓜,选健壮果实留果，一般每株只留1个果。

5.5.6 果实管理

爬地栽培时，幼果生长至拳头大小时将幼果果柄顺直，然后在幼果下面垫上瓜垫。吊蔓栽培时，果实大约500 g时用网袋将小瓜装进去吊在铁丝上，防治损伤果柄和果皮。

6 病虫害防治

6.1 主要病虫害

西瓜主要虫害：蚜虫、蓟马、菜青虫、瓜野螟、斜纹夜蛾等。
主要病害：病毒病、霜霉病、炭疽病、白粉病等 。

6.2 防治原则

预防为主，综合防治，优先采用农业防治、物理防治、生物防治，科学合理的使用化学防治。

6.3 防治方法

6.3.1 农业防治

选用抗病品种；应用嫁接技术；水分管理严格按规程进行；肥料采用充分腐熟的有机肥和氮磷钾复合肥；按土壤状况和生长需要合理施肥；密度适当，科学整枝，群体通风良好；田间环境清洁。

6.3.2 物理防治

防虫网封闭放风口，采用黄板、蓝板诱杀。高温季节，封死棚膜、地膜，灌水闷棚3 d～5 d。

6.3.3 生物防治

优先选用生物农药。

6.3.4 化学防治

化学农药按NY/T 1276、GB/T 8321 的规定执行。常见病虫害化学药剂防治办法见表1。

表1 西瓜常见病虫害防治方法

常见病虫害	防治方法
病毒病	可用50%病毒A500倍液或病毒灵1 000倍液叶面喷雾防治
白粉病	用62.5%仙生可湿性粉600～800倍液和40%福星乳油7500倍交替使用
霜霉病	用50%甲基托布津800 倍液、75%百菌清800 倍液喷雾
炭疽病	发病初期要用50%的多菌灵可湿性粉剂500倍液或65%代森锌500～600倍液或等量波尔多液200倍喷雾，连续3～4次
猝倒病	可用72%普力克水剂800倍液加50%福美双可湿性粉剂800倍喷淋
蚜虫	可用25%溴氰菊酯3 000 倍液、10%吡虫啉2 000倍液喷雾
菜青虫	可用2%菜虫清乳剂1000～1500倍液喷雾

7 采收

7.1 成熟度的判断

7.1.1 标记法

做好标记，依据生长天数，品种特性结合摘样试测，确定成熟度。

7.1.2 经验识别法

成熟的西瓜果皮光亮，花纹清晰，显示本品种固有色泽，果脐凹陷，果蒂处略有收缩，果柄上的茸毛脱落稀疏，结果部位前后节位卷须枯萎。

7.2 采收时间

短距离运输时，成熟时采收长。长途运输时成熟前3 d～4 d采收。雨后、中午烈日时不应采收。

7.3 采收方法

宜在早上露水干后或傍晚采摘，采收时果柄上端应保留6 cm～8 cm长的侧蔓，使之与果柄呈“T”字型。采收后防止日晒、雨淋，及时运送出售，暂时不能装运的，应放在阴凉处，并轻拿轻放。

8 包装、运输及贮藏

8.1 包装

包装上标明品名、规格、毛重、净含量、产地、生产者、采摘日期、包装日期。采用硬纸箱包装。每箱装瓜4～6个，只装一层，每个均用柔软的泡沫塑料网袋包裹，然后用打包机捆扎结实。

8.2 运输及贮藏

运输工具清洁、卫生、无污染，运输时防雨、防晒，注意通风散热；运输适宜温度4 ℃～6 ℃，空气相对湿度80%～85%。

贮藏温度5 ℃～7 ℃，空气相对湿度70%～80%，库内堆放应确保气流均匀畅通，贮藏期2 d～5 d。

9 田间档案

小果型西瓜生产过程中，应建立田间档案，并妥善保存，以备查阅。
